图形图像处理

主　编　蔡锦锦　张枝军

北京理工大学出版社
BEIJING INSTITUTE OF TECHNOLOGY PRESS

内 容 简 介

本书立足于电子商务领域的实际工作场景，以图形图像处理工作任务为核心，介绍典型的电子商务应用案例。全书从理论基础到案例操作，再到项目实战，由浅入深进行介绍，将理论与实践有机融合；从学生自主学习到实践探究，全面介绍图形图像处理方法与技巧；将电子商务、消费心理、图形图像处理技术与视觉设计等跨领域知识有机融合，培养学生的综合应用能力。

本书贯彻"理实一体化"的理念，以 Photoshop 为工具，设计了 12 个任务，包括图形图像处理基础、Photoshop 基础操作、Photoshop 抠图技巧应用、Photoshop 图像修饰技巧应用、Photoshop 图像调色技巧应用、图像合成与特效制作技巧应用、VI 规范设计、营销图设计与制作、店铺首页设计、商品详情页设计、手机端店铺设计和新媒体图文设计。

本书为图形图像处理相关工作而开发，具有图文并茂、内容丰富、层次分明、条理清晰、通俗易懂、与时俱进的特点，可作为中职、高职、职业本科等院校的电子商务、移动商务、跨境电子商务、数字媒体技术、计算机应用技术等相关专业的教学用书或参考书，也可作为电子商务相关岗位人员的自学与工作参考用书。

图书在版编目（CIP）数据

图形图像处理 / 蔡锦锦，张枝军主编. -- 北京 ：
北京理工大学出版社，2023.11
ISBN 978-7-5763-3135-6

Ⅰ. ①图…　Ⅱ. ①蔡…　②张…　Ⅲ. ①图像处理软件
Ⅳ. ①TP391.413

中国国家版本馆 CIP 数据核字（2023）第 225948 号

责任编辑：李　薇		**文案编辑**：杜　枝	
责任校对：周瑞红		**责任印制**：施胜娟	

出版发行 / 北京理工大学出版社有限责任公司
社　　址 / 北京市丰台区四合庄路 6 号
邮　　编 / 100070
电　　话 / （010）68914026（教材售后服务热线）
　　　　　　（010）68944437（课件资源服务热线）
网　　址 / http://www.bitpress.com.cn

版 印 次 / 2023 年 11 月第 1 版第 1 次印刷
印　　刷 / 涿州汇美亿浓印刷有限公司
开　　本 / 787 mm×1092 mm　1/16
印　　张 / 16.5
字　　数 / 328 千字
定　　价 / 95.00 元

前 言
Foreword

随着技术的进步与发展，电子商务已经融入经济社会的各个方面，电子商务已经与我们的生产和生活息息相关。但线下购买商品具有直接观察与触摸体验的优势，可以给消费者提供直观的商品信息，而电子商务传递商品信息通常只能依靠数字化的视觉图像，且图形图像的呈现效果会直接影响消费体验。当消费者被商品图像或店铺页面呈现出的视觉画面所吸引，则购买的欲望会增强。由此可见，店铺页面与商品图形图像的视觉效果对电子商务比较重要。而要设计与制作出符合消费者需求的商品图像，就需要从营销的角度，运用图形图像处理技术，进行系统化的规划与设计。

本书是原浙江省普通高校"十三五"新形态教材《图形与图像处理技术》根据电子商务国家专业标准的更新升级版，是国家"双高计划"高水平电子商务专业群系列教材；本书坚持落实立德树人根本任务，遵循电子商务领域高素质技术技能人才成长规律，遵循教材建设规律和教育教学规律，系统化设计内容结构。本书的素材与案例以企业真实项目、典型工作任务为载体，突出体现"以学习者为中心""做中学，做中教"等职业教育理念，注重理论与实践、案例等相结合，能适应理实一体化的教学改革以及在线教学和混合式学习。

本书在内容安排上从图形图像的基础知识与基本原理出发，从电子商务视觉设计相关工作任务的角度，以工作岗位所需的知识与工作技能为导向，通过实际岗位项目的模拟训练，引导学习者进行理论知识学习并完成相应的工作任务。本书按该领域实际生产工作过程，以及从基础认识到实战应用的递进关系，共设计了图形图像基础、图形图像编辑和美化以及图形图像商业应用案例实战三个单元，细分为十二个工作任务，包括图形图像处理基础、Photoshop 基础操作、Photoshop 抠图技巧应用、Photoshop 图像修饰技巧应用、Photoshop 图像调色技巧应用、图像合成与特效制作技巧应用、VI 规范设计、营销图设计与制作、店铺首页设计、商品详情页设计、手机端店铺设计和新媒体图文设计。全书将具体工作任务和知识理论紧密结合，实现教学内容的落地，使学习者能够更系统、更清晰地认识图形图像处理的整体内容。

本书在体例结构上从引发学习者兴趣和引导学习者完成工作任务的思路展开设计，在每个单元从链接职场出发，引导学习者置身于企业岗位场景，在开展实际工作任务的案例背景下，提高学习者的主观能动性；在每个学习任务中，设置有课堂讨论与拓展阅读（课程思政元素）等内容，旨在培养学习者的专业水平与职业道德素养；在每个任务后都设置有自我提升与检测，及时引导学习者对已学知识进行回顾总结，在实践操作的基础上对理论内容进行更透彻的理解；在每一个单元最后还设置了知识与技能训练题目，从理论与实践两方面进一步巩固所学的知识。

本书的特点主要集中在以下三方面：

1. 项目案例引导情景化

本书教学过程坚持以学习者为中心，在每一个单元中引入实际工作案例，让学习者通过案例情景，对学习目标和项目目标有清晰的认识，提高求知欲与学习主动性。

2. 内容结构设计系统化

本书内容结构根据学习过程进行系统化的设计，各个任务模块设置有"小词典""拓展阅读""法制小课堂""企业小课堂""文化小课堂""想一想""练一练"等内容，有机融入课程思政、职业道德文化素质元素，让学习者边学习、边思考、边练习，培养学习者的主观能动性、职业道德文化素养以及创新思维。

3. 教材配套资源数字化

本书比较全面地提供了配套的教学课件、课后习题、实训任务书、单元微课视频等，学习者与教师可通过扫描二维码获取相关数字化资源，开展在线学习。

本教材是浙江商业职业技术学院国家"双高计划"电子商务专业群所在专业的专业核心课程配套教材，由浙江商业职业技术学院蔡锦锦、张枝军主持编写，杭州米络星集团公司、浙江点晶网络科技有限公司、杭州熙霖科技有限公司等校企人员共同开发，本教材在编写过程中得到了北京博导股份有限公司的支持和帮助，在此一并表示感谢。由于电子商务领域的发展变化较快，书中难免有疏漏或不当之处，敬请读者批评指正。

编　者

2023 年 8 月

目 录
Contents

单元1　图形图像基础 …………………………………… 1

　　链接职场 …………………………………………………… 1

　　学习目标 …………………………………………………… 1

　　课前自学 …………………………………………………… 2

　　思维导图 …………………………………………………… 2

　任务1.1　图形图像处理基础 …………………………………… 3

　任务1.2　Photoshop基础操作 ………………………………… 16

　任务1.3　Photoshop抠图技巧应用 …………………………… 55

　　知识与技能训练 ………………………………………… 69

单元2　图形图像编辑和美化 ………………………… 73

　　链接职场 ………………………………………………… 73

　　学习目标 ………………………………………………… 73

　　课前自学 ………………………………………………… 74

　　思维导图 ………………………………………………… 74

　任务2.1　Photoshop图像修饰技巧应用 ……………………… 75

　任务2.2　Photoshop图像调色技巧应用 …………………… 106

　任务2.3　图像合成与特效制作技巧应用 …………………… 130

　　知识与技能训练 ………………………………………… 147

单元3　图形图像商业应用案例实战 ………………… 150

　　链接职场 ………………………………………………… 150

　　学习目标 ………………………………………………… 151

　　课前自学 ………………………………………………… 151

　　思维导图 ………………………………………………… 152

图形图像处理

音频

直播

短视频

APP

任务 3.1　VI 规范设计 ……………………………………………… 153

任务 3.2　营销图设计与制作 ……………………………………… 175

任务 3.3　店铺首页设计 …………………………………………… 193

任务 3.4　商品详情页设计 ………………………………………… 202

任务 3.5　手机端店铺设计 ………………………………………… 217

任务 3.6　新媒体图文设计 ………………………………………… 236

　　　　知识与技能训练 …………………………………………… 251

参考文献 ……………………………………………………………… 255

单元 1　图形图像基础

链接职场

　　李妍是某电子商务公司新入职的实习生，她被分配到了电子商务事业部进行为期 3 个月的轮岗实习。实习期间的日常工作是熟悉电子商务事业部的运营平台，以设计专员的身份，接受设计主管安排的一些设计任务，做好运营支撑工作，如商品图片优化、装修页面设计优化等。李妍为了更好地运用在校期间所学的图形图像处理技术，在上岗之前，先要理解图形图像，熟悉 Photoshop 的基础操作，再着手完成一些与店铺运营相关的设计任务。

学习目标

※知识目标

1. 了解图形和图像的区别。
2. 了解 Photoshop 不同的版本。
3. 了解 Photoshop 基础工具的用法。
4. 熟悉 Photoshop 不同工具的应用场景。

※能力目标

1. 能够打开和存储所需格式的 Photoshop 文件。
2. 能够通过 Photoshop 完成图片的二次构图。

3. 能够利用抠图工具完成简单和复杂的抠图。

※素养目标

1. 具有探索精神与持续学习意识，树立学习目标，能够做到有追求、有耐心地学习Photoshop，为日后进行品牌设计与创意设计夯实基础。

2. 具备规范精神，能够认真、合规地处理工作中的图形图像，在允许的范围内发挥创意。

课前自学

扫描下方二维码获取本单元教学课件，完成单元任务预习。

图形图像处理基础　　　　Photoshop 基础操作　　　　使用 Photoshop 抠图

思维导图

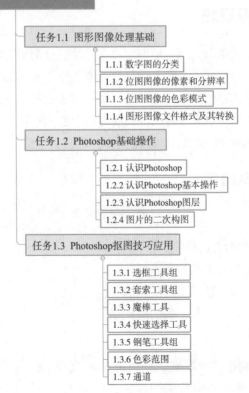

单元1 图形图像基础

任务1.1 图形图像处理基础
- 1.1.1 数字图的分类
- 1.1.2 位图图像的像素和分辨率
- 1.1.3 位图图像的色彩模式
- 1.1.4 图形图像文件格式及其转换

任务1.2 Photoshop基础操作
- 1.2.1 认识Photoshop
- 1.2.2 认识Photoshop基本操作
- 1.2.3 认识Photoshop图层
- 1.2.4 图片的二次构图

任务1.3 Photoshop抠图技巧应用
- 1.3.1 选框工具组
- 1.3.2 套索工具组
- 1.3.3 魔棒工具
- 1.3.4 快速选择工具
- 1.3.5 钢笔工具组
- 1.3.6 色彩范围
- 1.3.7 通道

图形图像处理

任务1.1　图形图像处理基础

任务分析

李妍要通过对图形图像的理解，清楚地区分图形和图像，从而在设计时明确哪些设计素材要保存为图形格式，哪些设计素材要保存为图像格式。想要系统地认识图形图像，李研就需要通过学习图形图像的相关知识，明确以下几个问题。

1. 图形是什么？它有什么特点？
2. 图像是什么？它有什么特点？
3. 图形与图像的联系和区别分别是什么？

任务目标

1. 了解图形图像的概念与特点，并能列举出典型的企业案例进行说明。
2. 熟悉图形图像的分类，并能够列举出相关案例。
3. 熟知图形和图像的区别与联系，能够通过相关操作进行说明。
4. 具备合规意识，在图形图像的使用方面要注意版权保护，不侵犯他人的著作权与商标权。

知识储备

李妍如果要弄清楚图形图像的相关知识，就要借助网络搜索工具，利用工作之余，研究部门提供的学习资料以及网络上搜索的资料，认真总结分析，梳理后得出自己的体系化认知。

? 微课视频

扫描下方二维码，进入与本任务相关的微课堂，进一步学习图形图像的基础知识。

认识图形与图像

1.1.1　数字图的分类

数字图的分类有两种：一种是位图，也称点阵图，我们平常所说的"图像"一般指的就是位图；另一种是矢量图，我们平常所说的"图形"一般指的就是矢量图。

想一想参考答案

? 想一想

　　数字图在我们的生活中随处可见，你能说出自己身边的数字图吗？数字图具体指的是什么？

1.1.1.1　位图图像

（1）认识位图图像

　　位图图像是使用被称为"像素"的点来表示的图像，每个像素有特定的位置和颜色值，按从左到右、从上到下的顺序来记录图像中每一个像素的信息，如像素在屏幕上的位置、颜色等。位图图像的质量是由单位长度内像素的多少来决定的，单位长度内的像素越多，分辨率越高，图像的效果也就越好。

（2）位图图像的特点

　　由上述关于位图图像的定义，可以总结出位图图像具有以下特点。

1）存储空间大。

　　位图各像素之间较为独立，在保存时，需要保存每个像素的位置和颜色值，因此占用的存储空间比较大。

2）放大会产生锯齿。

　　因为位图是由最小的色彩单位"像素"组成的，所以当放大位图时，可以看见构成整幅图像的无数单个"方块"，放大位图实际上是增大单个像素的显示面积，会使单个像素的线条和形状显得参差不齐。放大后的位图图像如图 1-1 所示。

图 1-1　放大后的位图图像

3）缩放受分辨率制约。

位图包含固定数量的像素，因此放大或缩小位图图像都会受到分辨率的制约。

4）色彩、色调表现力强。

位图的每个像素都有特定的颜色值，因此可以制作出色彩丰富的图像，尤其是在表现图像的阴影和色彩的细微变化方面的能力很强。

1.1.1.2　矢量图

（1）认识矢量图

矢量图是由一些基本的图元组成的，图元又由一些几何图形组成，如点、线、矩形、多边形、弧线等，这些几何图形均可由数学公式计算后获得。由于矢量图是采用数学描述方式绘制的图形，所以它生成的图形文件相对较小，且图形颜色的多少与文件的大小无关。同时，将它放大、缩小或旋转时，不会失真。图1-2（a）中的小汽车放大1 000倍后的效果如图1-2（b）所示。

（a）　　　　　　　　　　　　　　　　　　　（b）

图1-2　矢量图

（a）原图；（b）放大1 000倍后的效果

？小词典

图元，全称为图形输出原语（Graphics Output Primitive），是图形软件包中用来描述各种图形元素的函数。图元文件的扩展名是WMF，它是Windows平台计算机通用的一种矢量图和光栅图格式，常用于字处理和剪贴画中。

（2）矢量图的特点

1）储存空间较小。

图形中保存的是线条和图块的信息，所以矢量图文件的分辨率与图形大小无关，与图形的复杂程度有关，图形文件所占的存储空间较小。

2）不受分辨率的影响。

由于矢量图不受分辨率的影响，因此对它进行任意程序的放大或缩小操作时，图形的边缘都是清晰、平滑的，不会影响出图的清晰度，可以按最高分辨率显示到输出设备上。

3）自由方便。

矢量图可以自由、方便地填充色彩。

文化小课堂

图形的发展史大致可以分为以下 3 个阶段。

第一个阶段。远古时期人类使用的象形记事性原始图画，它作为原始人的图画式符号，既是图形的原始形式，也是文字的雏形。

第二个阶段。有一部分图画式符号演变为图画文字。图画文字与图画式符号的区别在于其形象的抽象性更强，更为简化。当图画式符号在实用中不断简化，就形成了图画文字。

第三个阶段。这一阶段产生了图形。图画文字这一视觉传达形式使人类的沟通和交往更加密切，而与图画文字相比，图形能综合复杂信息内容且更易被理解，因此被人类重视和利用。

1.1.2 位图图像的像素和分辨率

1.1.2.1 位图图像的像素

像素即组成位图图像的最小单元，也就是一个彩色的颜色点，像素的多少表明摄像机所含的感光元件的多少。位图图像的质量是由单位长度内的像素的多少来决定的，单位长度内的像素越多，颜色信息就越丰富，位图图像效果也会更好，同时文件会更大。将图 1-3 左侧原图中的树枝和屋檐放大 500 倍后，可以看到右侧画面是由无数个方块（即像素）组合而成的。

图 1-3　位图放大对比

1.1.2.2 位图图像的分辨率

位图图像的分辨率指屏幕上的精密度，即在显示器上所显示点数的多少，单位面积内显示的点数越多，画面就越精细，人们看到的位图图像就越清晰。分辨率的单位通常为像素/英寸（pixels per inch，ppi）。分辨率的表达方式为"水平像素数×垂直像素数"，如640像素×480像素等，也可以用规格代号来表示，如720 P、1 080 P等。

需要注意的是，图像分辨率有时也被称为图像大小、图像尺寸、像素尺寸和记录分辨率等。这里的"大小"和"尺寸"具有双重性，它们不仅可以指像素的多少（数量），还可以指画面的尺寸（边长或面积)。因为在同一显示分辨率的情况下，位图图像的分辨率越高，像素点越多，位图图像的尺寸和面积也就越大，所以人们会用图像大小和图像尺寸来表示图像的分辨率。

 法制小课堂

海关查处出口侵犯"HUAWEI及图形"商标权电池案

2021年3月11日，义乌某公司向杭州海关所属义乌海关申报出口一批货物，申报品名中包含"充电头""充电线"等电子类产品。经执法人员查验，发现集装箱内藏匿标有"HUAWEI及图形"商标标识的手机充电头34 000个。充电头外包装简陋、质量粗糙，且当事人无法提供相应的授权文书，存在较大的侵权嫌疑。2021年4月8日，东阳某公司向杭州海关所属金华海关申报出口一批货物，经执法人员查验，发现夹藏的涉嫌侵犯"HUAWEI及图形"商标权的电池1 632块，以及其他侵权商品共15 999件。权利人华为技术有限公司确认上述充电头、电池均为侵权产品，申请海关予以扣留。

金华、义乌海关对上述案件分别予以调查，初步锁定了货物所有人及销售商信息。鉴于两起案件涉案侵权货物数量大、案值高，均涉嫌刑事犯罪，杭州海关依法及时向公安机关通报了案件线索，积极推动公安机关侦查该案。2021年7月，公安机关分别对上述两起案件立案侦查。截至2021年12月，公安机关已基本查清侵权电池、耳机等产品在国内生产、运输和销售等链路，共抓获犯罪嫌疑人14人，采取强制措施9人，捣毁制假窝点5个，现场扣押各类侵权产品10余吨，初步估算涉案价值达1.6亿元。

习近平总书记在二十大报告中强调，坚持全面依法治国，推进法治中国建设。加快建设法治社会，弘扬社会主义法治精神，引导全体人民做社会主义法治的忠实崇尚者、自觉遵守者、坚定捍卫者。在我国，知识产权相关的法律（如《中华人民共和国商标法》）对依法开展商业活动有明确法律规定，经营者应恪守原则，依法经商，捍卫法律尊严。

（资料来源：海关总署）

1.1.3　位图图像的色彩模式

色彩模式是用于表现位图图像颜色的一种数学算法，它决定了位图图像以何种方式在屏幕上显示或打印输出。常见的色彩模式包括位图模式、灰度模式、HSB（表示色相、饱和度、明度）模式、RGB（表示红、绿、蓝）模式、CMYK（表示青、洋红、黄、黑）模式等，每种模式的图像描述和重现色彩的原理及所能显示的颜色数量都是不同的。

1.1.3.1　位图模式

位图模式是最基本的色彩模式，由于采用位图模式的位图图像中只有黑色和白色像素，因此这种色彩模式也称为黑白模式，它包含的信息量最少，无法包含图像细节，相当于只有 0 或 1。如果要将一幅彩色图像转换成黑白模式，一般需要先将该图像转换成灰度模式，再把灰度模式转换成位图模式。位图模式如图 1-4 所示。

（a）　　　　　　　　（b）　　　　　　　　（c）

图 1-4　位图模式

（a）50%阈值；（a）扩散仿色；（c）图案仿色

1.1.3.2　灰度模式

灰度模式使用单一色调来表示图像，一个像素的颜色用 8 个位元来表示，一共可表现 256 阶（色阶）的灰色调（含黑和白），每个像素值使用 0~255 的明度值代表，其中 0 为黑色，255 为白色，相当于黑→灰→白的过渡，如同黑白照片。与位图模式相比，灰度模式能表现出一定的图像细节，其占用的空间也比位图模式更大。灰度模式如图 1-5 所示。

图 1-5　灰度模式

1.1.3.3　HSB 模式

HSB 模式是基于人们的眼睛对色彩的观察来定义的，在这个模式中，所有的颜色都用色相、饱和度、明度这 3 个特性来描述。

1.1.3.4 RGB 模式

RGB 模式是常用的色彩模式，它是基于自然界中 3 种基色光的混合原理，将红（R）、绿（G）和蓝（B）3 种基色按照色彩深度（如 8 位/通道）计算，从 0（黑）~255（白色）的明度值在每个色阶中分配，从而指定其色彩。采用 RGB 模式的位图图像占用的空间比采用位图模式、灰度模式、HSB 模式的位图图像占用的空间要大，表现出的细节更加生动。RGB 模式如图 1-6 所示。

1.1.3.5 CMYK 模式

CMYK 模式被称为印刷色彩模式，主要用于印刷行业。这种模式以打印油墨在纸张上的光线吸收特性为基础，其本质与 RGB 模式类似，使用 4 种颜色，分别为青色（Cyan）、洋红色（Magenta）、黄色（Yellow）以及黑色（Black）。CMYK 模式是一种依靠反光来表现颜色的色彩模式。CMYK 模式如图 1-7 所示。

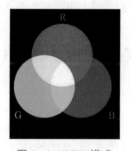

图 1-6 RGB 模式

图 1-7 CMYK 模式

除以上介绍的几种色彩模式外，还有双色调模式、Lab 模式（表示明度、洋红与青、黄与蓝）、索引色模式、多通道模式以及 8 位/16 位模式等，感兴趣的读者可以进行拓展学习。

1.1.4 图形图像文件格式及其转换

1.1.4.1 图形图像文件格式

对于图形图像，根据记录的内容和压缩的方式不同，其文件格式也不同。不同的文件格式具有不同的文件扩展名，常见的图形图像文件格式有 BMP、JPG（JPEG）、GIF、PNG 和 PSD 等。

（1）BMP 格式

BMP 格式是 Windows 平台通用的图像格式，它的使用范围较广。它采用位映射存储格式，除图像深度可选以外，不采用其他任何压缩，因此，BMP 格式的文件所占用的空间很大。BMP 格式的文件的图像深度可选 1 位、4 位、8 位及 24 位。

（2）JPG（JPEG）格式

这是一种应用较广的图像压缩格式，它采用的 JPEG 压缩是一种高频率的有损压缩，利用人眼分辨率低的特点，将不易被人眼察觉的图像颜色变化删除。其压缩程序大，文件所占用的空间小，被广泛应用于各个领域。

（3）GIF 格式

GIF 格式是一种流行的彩色图形格式，适用于各种计算机系统平台，一般软件均支持这种格式。GIF 是一种 8 位彩色文件格式，它支持的颜色信息只有 256 种，同时支持透明和动画，而且文件占用的空间较小，广泛应用于网络动画。

（4）PNG 格式

PNG 格式是一种位图文件存储格式，它结合了 GIF 和 JPG 格式的优点，具有存储形式丰富的特点，其最大的色彩深度为 48 位，采用无损压缩的方式存储，是 Fireworks 的默认格式。

（5）PSD 格式

PSD 格式是 Photoshop 图像处理软件的专用图像文件格式，它可以存储 Photoshop 中所有的图层、通道、参考线、注解和颜色模式等信息，但此格式不适用于输出（如打印、与其他软件交互）。

除以上介绍的几种图形图像文件格式外，常用的还有 TIF（TIFF）、PCD、WMF、CDR、TGA、PCX 等格式。

1.1.4.2 图形图像文件格式的转换

以某一种格式存储的图形图像文件，在某一操作系统或其他软件下或许不能打开，因此了解如何进行图形图像文件格式的转换就显得尤为重要。目前，有许多软件可用于不同图形图像文件格式之间的转换，来增加相互之间的通用性，如 Photoshop、ACDSee、Advanced Batch Converter 等。

下面以 Photoshop CC 2020 为例，介绍文件的大小编辑与图像文件格式的转换。

（1）文件的大小编辑

1）执行"文件"→"新建"命令，在弹出的对话框中设置各项属性值，包括"名称""宽度""高度""颜色模式"等。该对话框中的"大小"选项组下的各个选项显示了图像文件预设的宽度、高度、分辨率等，这些属性决定了图像文件占用空间的大小。

可通过改变数值来改变其大小，在数值后的下拉列表中可选择度量单位，如图 1-8 所示。

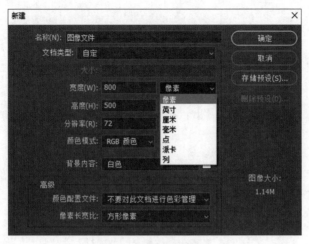

图 1-8　选择度量单位

2）新建 PSD 图像文件后，也可以通过修改画布的大小来修改图像文件的大小，执行"图像"→"画布大小"命令，打开"画布大小"对话框，如图 1-9 所示，可通过设置宽度、高度等来改变图像文件的大小。

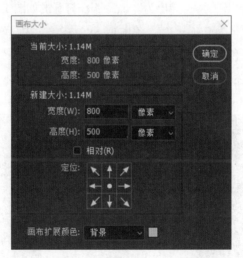

图 1-9　"画布大小"对话框

（2）图像文件格式的转换

1）使用"存储"命令。

如果图像是未保存过的新建图像，可执行"文件"→"存储"命令或按【Ctrl+S】组合键，打开"另存为"对话框，如图 1-10 所示。其中，"保存类型"下拉列表用于选择图像文件保存的格式，默认为 PSD 格式，即 Photoshop 的图像文件格式，在"存储"选项组中可以设置各项保存属性。设置完各项保存属性之后，单击"保存"按钮或按【Enter】键即可完成新图像文件的保存。

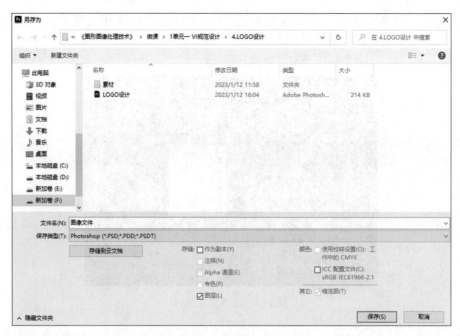

图 1-10　"另存为"对话框

2）使用"导出"命令。

执行"文件"→"导出"→"导出为"命令，在打开的如图 1-11 所示的"导出为"对话框中，可将图像文件导出为 PNG、JPG、GIF 或 SVG 格式，并设置图像文件的"图像大小""画布大小""元数据""色彩空间"等属性。设置完成后，单击"导出"按钮，可将制作好的图像文件保存成上述某种格式，便于后期在店铺或社交媒体平台中进行展示。

图 1-11　"导出为"对话框

如果用户需要将文件存储为 Web 文件格式，可执行 "文件" → "导出" → "存储为 Web 所用格式" 命令，打开如图 1-12 所示的 "存储为 Web 所用格式" 对话框。在这个对话框中，用户可以选择要压缩的文件格式并调整其他设置，把图像文件存储为需要的 Web 文件格式。

图 1-12 "存储为 Web 所用格式" 对话框

同时，用户可以把图像文件优化为指定的大小，使用当前最优化的设置对图像文件的颜色、透明度、图像大小等进行调整，或者使用默认设置，可以得到 GIF 或 JPEG 格式的文件。经过优化处理的图像文件还可以在 ImageReady 中进一步编辑处理。

> ⑦ 小词典
>
> ImageReady 是由 Adobe 公司开发的，以处理 Web 图形为主的图像编辑软件，目的是加强 Photoshop 对 Web 文件格式（主要是 GIF 格式）的支持。

📝 课堂讨论——区别图形和图像文件格式

要求学生以小组为单位，基于知识储备中的介绍，依照以下操作步骤，正确区别图形和图像文件格式，加深对图形与图像处理的基础知识的理解。

区别图形和图像
文件格式答案

操作步骤如下。

步骤 1：利用互联网搜索常用的图形和图像文件格式，并将搜索结果中的图形和图像文件格式按表 1-1 所示进行分类整理。

表 1-1　区分图形和图像文件格式

图形文件格式（矢量图）	图像文件格式（位图）

步骤 2：查找每个格式的图形或图像文件，观察并总结每种类型的文件格式的特征，并将分析、总结的结果填入表 1-2。

表 1-2　图形和图像文件格式的特征

图形文件格式	
格式	特征
图像文件格式	
格式	特征

任务评价

基于学生在本任务中学习、探究、训练的课堂表现及完成结果，参照表 1-3 的考核内容进行评分，每条考核内容分值为 10 分，学生总得分=30%学生自评得分+70%教师评价得分。

表 1-3 考核内容及评分

类别	考核项目	考核内容及要求	学生自评（30%）	教师评价（70%）
技术考评	质量	能够了解并阐述数字图的文件类型		
		熟悉并总结位图图像的像素和分辨率的内涵		
		熟悉并理解位图图像的色彩模式的类型		
		清楚图形图像的文件格式，能够进行图形图像文件的大小编辑及其格式的转换		
		具备合规意识，在图形图像的使用方面要注意版权保护，不侵犯他人的著作权与商标权		
非技术考评	态度	学习态度认真、细致、严谨，讨论积极，踊跃发言		
	纪律	遵守纪律，无无故缺勤、迟到、早退现象		
	协作	小组成员间合作紧密，能互帮互助		
	文明	合规操作，不违背平台规则、要求		
总计				

存在的问题	解决问题的方法

🌐 **自我提升与检测**

自我提升与检测答案

问题 1：什么是位图？其特点有哪些？

_____

_____

问题 2：什么是矢量图？其特点有哪些？

_____

_____

问题 3：常见的位图图像的色彩模式有哪些？

_____

_____

问题 4：图形图像的文件格式有哪些？

_____

_____

_____

任务 1.2 Photoshop 基础操作

任务分析

梳理清楚了图形图像处理的基础知识后，李妍准备学习图形图像处理的基础操作。在操作之前，她需提前做好以下准备工作。

1. 硬件：一台内存在 8 GB 以上、CPU 是酷睿 i5 或锐龙 Ryzen 5 及以上产品的计算机。

2. 软件：Photoshop CC 2020。

3. 素材：获取课堂案例相关素材。

4. 知识：熟悉 Photoshop 裁剪相关工具。

任务目标

1. 认识 Photoshop 图像处理软件，并熟悉 Photoshop 的作用、工作界面等。

2. 熟悉 Photoshop 的基本操作，能够独立完成图形图像处理的基础操作。

3. 了解 Photoshop 图层的概念、作用、类型、样式及基本操作。

4. 熟知图片的二次构图方法，并能利用裁剪工具对图片进行相关操作。

5. 具备良好的职业素养，在图形图像处理的基础操作中做到耐心、细致。

知识储备

下面李妍将从 Photoshop 软件、基本工具操作、图层等方面熟悉 Photoshop 的基础操作，认识 Photoshop 的工作界面、作用、基本操作、图层的类型、样式等，为完成后续的素材设计工作做好准备。

微课视频

扫描下方二维码，进入与本任务相关的微课堂，进一步学习 Photoshop 软件的相关知识。

认识 Photoshop 软件

1.2.1 认识 Photoshop

1.2.1.1 Photoshop 基础

Photoshop 全称是 Adobe Photoshop，简称 PS，是由 Adobe 公司推出的图像处理软件。1990 年 2 月，Adobe 公司发布了第一个版本的 Photoshop。2003 年，Adobe 公司发布了全新版本 Photoshop Creative Suite（Photoshop 创意套件，简称 Photoshop CS），这个集图形设计、影像编辑和网络开发于一体的商品套件，深受国内外众多设计者的喜爱。此后，Adobe 公司在第一版 Photoshop CS 的基础上做了更新，后续又发布了多个版本的 Photoshop CS。

2013 年，Adobe 公司又推出了全新的 Photoshop Creative Cloud 系列（Photoshop 创意云，简称 Photoshop CC），其 2020 版本启动界面如图 1-13 所示。Photoshop CC 不仅新增了相机防抖动功能，提升了图形图像处理能力，改进了"属性"面板，还新增了云端存储功能，设计者在设计完图形图像后，可以直接将其保存在云端，方便设计者随时设计、随时展示、随时保存设计结果。

图 1-13　Photoshop CC 2020 版本启动界面

1.2.1.2 Photoshop 的作用

在日常生活中，到处可见由 Photoshop 制作的作品，如平面图片、网页界面、商品包装、摄影后期、人像美化、游戏动漫、图形创意、建筑设计效果图等。对于电子商务来说，在现代消费中，人们可以选择的商品越来越多，除做好商品自身的品质外，更需要使用优秀的视觉营销手段来展示商品、吸引顾客、促成交易。Photoshop 常见作用如下。

（1）修复瑕疵

利用 Photoshop 可以修复照片的瑕疵。例如，在拍摄山水风景时，不借助相机支架，可能无法使相机完全平行于地面，导致拍摄的景物是倾斜的，如图 1-14 所示。后期利用 Photoshop 中裁剪工具的拉直功能，可以把景物调正，如图 1-15 所示。

图 1-14　倾斜的山水照片　　　　　　　　　图 1-15　调整后的山水照片

又如，拍摄人像时，发现模特衣服上有污点，影响了美观，如图 1-16 所示。此时就可以使用 Photoshop 中的污点修复画笔工具把污点消除，使画面更和谐，如图 1-17 所示。

图 1-16　有污点的人像照片　　　　　　　　　图 1-17　调整后的人像照片

（2）校正颜色

利用 Photoshop 可以校正颜色。在使用相机记录生活时，由于光线照射的角度不同或相机进光率不同，拍出来的图片和实物可能有色差。例如，店铺中展示的服装，可能我们肉眼看到的是蓝色，但是相机拍摄出来的却是绿色，如图 1-18 所示。后期使用 Photoshop 中的调色功能，可以将图片颜色调整成与实物颜色保持一致，还原衣服真实的样子，如图 1-19 所示。

图1-18　服装颜色校正前

图1-19　服装颜色校正后

（3）美化人像

利用 Photoshop 可以美化人像，这也是其最常用的功能之一。在拍摄个人照片后，利用 Photoshop 可以修饰脸型、五官、发型、身材等，使五官更立体，皮肤更光滑，身材更好等。

（4）设计平面图片

利用 Photoshop 可以设计平面图片。例如，某公司推出新商品，需要向消费者展示商品的卖点。若直接用拍摄的图片展示，可能达不到预期的转化效果。因此，需要收集商品素材、配图素材以及文字素材，并利用 Photoshop 中的抠图、调色、修图等工具，将文字和图像进行结合，创作出新品宣传海报，如图 1-20 所示，以此来吸引消费者关注新品。

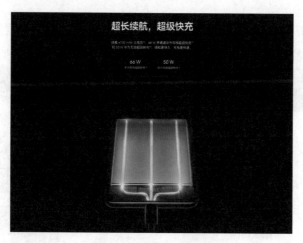
图1-20　新品宣传海报

（5）数字绘画

利用 Photoshop 可以进行数字绘画。例如，在画面中增加一些线条或图形，丰富画面，或者使用画笔进行绘画，如图 1-21 所示。

图 1-21　使用画笔进行绘画

1.2.1.3　Photoshop 的工作界面

下面以 Photoshop CC 2020 为例，介绍 Photoshop 的工作界面和操作。这个版本的 Photoshop 的工作界面非常简洁，工具安排非常实用，工具选区、面板访问、工作区切换等都十分方便。

使用 Photoshop 打开一张要处理的图片，Photoshop 的工作界面中包含文档窗口、菜单栏、标题栏、工具选项栏、工具箱、面板、状态栏等组件。

（1）文档窗口

在 Photoshop 工作界面最中间占据最大面积的，用于展示需要编辑的图片的是文档窗口，后续对图片的查看和编辑主要在这个区域中进行，如图 1-22 所示。

图 1-22　文档窗口

在 Photoshop 中每打开一个文件，就会创建一个文档窗口。设计者进行设计时，可能会同时打开多个文件，这些文件会在文档窗口上方的选项卡中显示，如图 1-23 所示。可以单击其中一个文件的名称，将其设置为当前操作的窗口，或者按【Ctrl+Tab】组合键，按照前后顺序切换文档窗口。

图 1-23　同时打开多个文件

（2）菜单栏

菜单栏中包含"文件""编辑""图像""图层""文字""选择""滤镜""3D""视图""窗口""帮助"等菜单，只需要单击菜单名称，就可以打开相应的菜单，如图 1-24 所示，其中有可以执行的各种命令。

图 1-24　菜单栏

（3）标题栏

标题栏中主要显示了文件的名称、格式、窗口缩放比例和色彩模式等信息，如图 1-25 所示。

图 1-25　标题栏

（4）工具选项栏

在选择使用对应的工具后，工具选项栏会随之改变。例如，选择文字工具后，这里会显示文字的字体、字号、样式、颜色、对齐方式等选项，如图 1-26 所示。

（5）工具箱

工具箱中包含大部分用于执行各种操作的工具，如移动工具、矩形选框工具、套索工具等，如图 1-27 所示。

图 1-26　工具选项栏

图 1-27　工具箱

（6）面板

Photoshop 中总共包含 20 多个面板，如"色板""图层""通道""路径""字符""3D"等。当设计者选择了对应的工具进行编辑时，面板会以选项卡的形式成组出现在工作界面右侧。设计者也可以根据需要关闭或自由组合这些面板，如图 1-28 所示。

图 1-28　面板

（7）状态栏

状态栏在工作界面最下方，展示了目前文件的大小、尺寸、窗口缩放比例等信息，如图 1-29 所示。

图 1-29　状态栏

1.2.1.4　Photoshop CC 2020 版本更新要点

（1）新增对象选择工具

使用对象选择工具可以简单地在图片中选择单个对象、多个对象，或者图片的某些组成部分，如人物、汽车、家具、宠物、衣服等。设计者只需要在对象周围绘制矩形选择某个区域或使用套索工具选择某个区域，对象选择工具就会自动选择已定义区域内的对象，从而快速完成较复杂区域的选择，如图 1-30 所示。

图 1-30　使用对象选择工具选择对象

（2）增强变形工具

设计者可以借助变形工具更自由地控制对象，实现自己的创意。执行"编辑"→"变换"→"变形"命令，在图片的任意位置设置控制点，或者使用可自定义的网格划分图片，然后调节各个节点，实现图形的变换，如图 1-31 所示。

（3）增强内容识别填充功能

当设计者在创作过程中需要使用某张图片，但是不想要图片中的某一部分时，可以借助内容识别填充功能来查找源像素以填充取样区域。在 Photoshop CC 2020 中，"内容识别填充"面板新增了以下 3 个取样区域选项，如图 1-32 所示。

1）自动：使用类似于填充区域周围的内容。

2）矩形：使用填充区域周围的矩形区域。

3）自定：使用手动定义的取样区域，可以准确地识别要从哪些像素区域取样并进行填充。

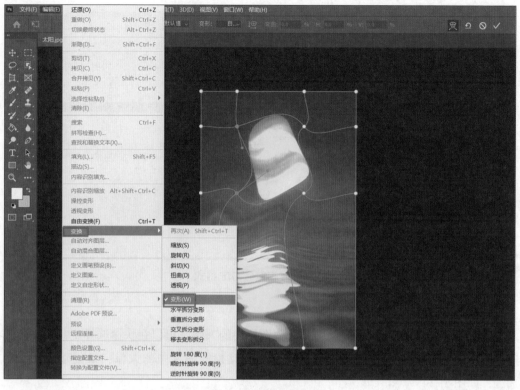

图1-31 变形工具

图1-32 内容识别填充

（4）支持 GIF 格式

之前的 Photoshop 版本不能保存 GIF 格式文件，在 Photoshop CC 2020 版本中，可以执行"文件"→"存储为"命令，将设计好的图片以 GIF 格式存储，如图 1-33 所示。

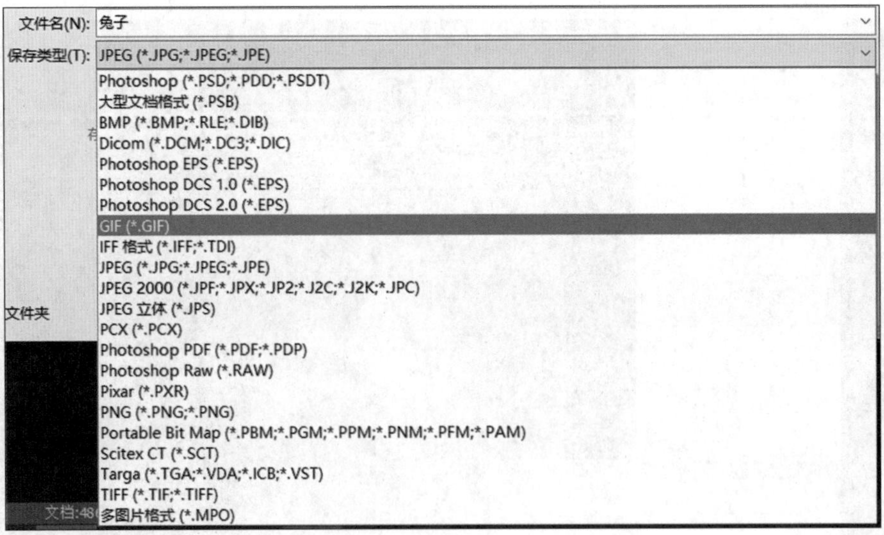

文件名(N)：兔子

保存类型(T)：JPEG (*.JPG;*.JPEG;*.JPE)

- Photoshop (*.PSD;*.PDD;*.PSDT)
- 大型文档格式 (*.PSB)
- BMP (*.BMP;*.RLE;*.DIB)
- Dicom (*.DCM;*.DC3;*.DIC)
- Photoshop EPS (*.EPS)
- Photoshop DCS 1.0 (*.EPS)
- Photoshop DCS 2.0 (*.EPS)
- GIF (*.GIF)
- IFF 格式 (*.IFF;*.TDI)
- JPEG (*.JPG;*.JPEG;*.JPE)
- JPEG 2000 (*.JPF;*.JPX;*.JP2;*.J2C;*.J2K;*.JPC)
- JPEG 立体 (*.JPS)
- PCX (*.PCX)
- Photoshop PDF (*.PDF;*.PDP)
- Photoshop Raw (*.RAW)
- Pixar (*.PXR)
- PNG (*.PNG;*.PNG)
- Portable Bit Map (*.PBM;*.PGM;*.PPM;*.PNM;*.PFM;*.PAM)
- Scitex CT (*.SCT)
- Targa (*.TGA;*.VDA;*.ICB;*.VST)
- TIFF (*.TIF;*.TIFF)
- 多图片格式 (*.MPO)

文件夹

文档:48

图 1-33　存储为 GIF 格式

（5）增强选择主体功能

在 Photoshop CC 2020 中，如果要裁剪图片中的人像，可以在快速选择工具的工具选项栏中单击"选择主体"按钮，Photoshop 将自动检测图片中的人像，来创建更精细的选区，如图 1-34 所示。

图 1-34　选择主体

（6）新增添加可旋转图案功能

在 Photoshop CC 2020 中新增了以任意角度旋转图案的功能，设计者可以轻松更改"图案叠加""图案描边""图案填充图层"中任何图案的方向，并将其与周围图案的方向对齐，使设计更方便。设计者可以从"图层"菜单、"图层"面板或"属性"面板等位置打开图案角度选择器，如图1-35所示。

图1-35 图案角度选择器

（7）增强匹配字体功能

匹配字体功能是指 Photoshop 使用算法检测图片中使用的字体，并将其与计算机或 Adobe 字体中的可用字体进行匹配，并推荐类似字体。在 Photoshop CC 2020 中增强了匹配字体功能，支持更多字体、垂直文本和多行检测。

1.2.2　认识 Photoshop 基本操作

微课视频

扫描下方二维码，进入与本任务相关的微课堂，进一步学习 Photoshop 基本操作的相关知识。

Photoshop 的基础操作

1.2.2.1　新建文档

打开 Photoshop 后，执行"文件"→"新建"命令，打开"新建文档"对话框，如图1-36所示。

图1-36   "新建文档"对话框

设计者需要对创建的新文档进行命名，并且设置文档宽度和高度及其单位、文档方向、颜色模式等。文档高度和宽度的单位包括像素、厘米、英寸、毫米、点等。若设计完成的文档仅在计算机上使用，则其单位一般设置为像素；若需要印刷，则其单位一般设置为毫米或厘米。设置完成后，单击"创建"按钮，完成文档的新建。

1.2.2.2 打开文件

（1）打开文件的方式

除可以新建文档进行创作外，设计者还可以打开现有的图片进行再创作。

1）在文件窗口中打开。

打开Photoshop，执行"文件"→"打开"命令，在打开的"打开"对话框中选择要打开的文件，单击"打开"按钮，即可将其打开，如图1-37所示。

2）直接拖动打开。

选中要打开的文件，按住鼠标左键，将文件从文件夹中拖动到Photoshop菜单栏的位置，释放鼠标，便可以在Photoshop中打开该文件了。

需要注意的是，这种方式很容易发生误操作，若Photoshop中已经有打开的文件，而拖动时不小心将文件拖到了已经打开的文件的文档窗口中，那么释放鼠标后，这张图片将被置入已经打开的文件。若发生误操作，可以按【Ctrl+Z】组合键撤销操作。

图 1-37　打开文件

（2）支持的文件类型

1）一般类型文件：包括常见的 JPG、PNG 或 GIF 格式的图片，或者 PDF 格式文件等。

2）PSD 文件：Photoshop 的专用图像文件格式，包含制作过程中创建的图层，打开这种格式的文件后，可以继续编辑先前的图层。

3）相机类图片：指的是 RAW 格式文件。RAW 格式是相机原始数据格式的统称，使用这种格式可以最大限度地保留原始数据。不同品牌相机的文件扩展名不同，例如 CR2 是佳能相机的文件类型，尼康相机的文件类型的扩展名为 NEF。

1.2.2.3　查看文件

使用 Photoshop 打开文件后，可以利用缩放工具、抓手工具、移动工具等查看文件，来完成 Photoshop 的基本操作。

（1）缩放工具

选择工具箱中的缩放工具，可以查看图片的细节，如图 1-38 所示。单击工具箱中的"放大镜"按钮，选择缩放工具，在文档窗口中找到想要放大查看的位置并单击，或者在想要放大的位置处按住鼠标左键并向上拖动。若需要缩小图片，可以按住鼠标左键，当放大镜中的符号变为"-"时向下拖动。

除可以利用缩放工具查看图片外，还可以借助键盘上的【Alt】键，当按住【Alt】键时，向上滑动鼠标滚轮可以放大图片，向下滑动鼠标滚轮可以缩小图片。

（2）抓手工具

当图片被放大后，文档窗口中无法显示全部图片，此时如果需要查看图片的其他区域，可以利用抓手工具来实现。抓手工具在工具箱的左侧，是一个手形的按钮，如图1-39所示。

图1-38　缩放工具

图1-39　抓手工具

单击这个按钮后，可以按住鼠标左键，将需要查看或编辑的区域移动到文档窗口中间，方便后续的操作。在使用其他工具时，若想进行图片的移动，可以按住【Space】键切换到抓手工具状态，当鼠标指针变成手形按钮时拖动图片。

（3）移动工具

移动工具是工具箱中的第一个工具，其按钮是一个向外指出的十字箭头，如图1-40所示。选中要进行编辑的图层后，使用移动工具可以移动图层中的对象，改变图层中对象的位置。在使用移动工具的时候，按住【Shift】键和鼠标左键进行拖动，可以将这个图层中的对象垂直或水平移动。若想要复制某一个图层中的对象，可以按住【Alt】键和鼠标左键移动这个图层中的对象。

图 1-40　移动工具

1.2.2.4　选区

选区是在 Photoshop 中进行精细化操作的基础，创建选区后，可以控制操作区域、抠选图像、创建蒙版等。创建选区的工具包括矩形选框工具、椭圆选框工具、套索工具、多边形套索工具、对象选择工具、快速选择工具和魔棒工具等，部分工具如图 1-41 和图 1-42 所示。创建选区后，可以在某一图层中框定的区域内进行编辑，未被框定的区域将不会受到影响。

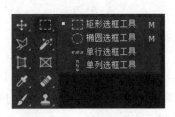

图 1-41　选框工具组

图 1-42　套索工具组

选区的基本操作包括全选、移动选区、反选、取消选择、羽化和变换选区等。例如，使用矩形选框工具画出虚线选区后，可以使用"选择"菜单中的命令对选区进行编辑；或者在选区上右击，在打开的快捷菜单中执行对应命令，如图 1-43 所示。

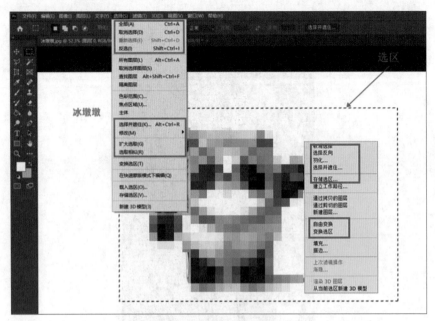

图 1-43　选区的基本操作

1.2.2.5　保存文件

编辑完成后，需要将设计好的文件进行保存。可以执行"文件"→"存储"命令或按【Ctrl+S】组合键保存文件。目前，Photoshop 支持保存的文件格式包括 PSD、BMP、DCM、EPS、GIF、IFF、JPEG、PCX、PDF、RAW、PXR、PNG、PBM、SCT、TGA、TIFF 和 MPO 等。若选择 PSD 格式，则会将整个编辑的文件原封不动地保存下来；若选择 PNG 格式，则导出的是图片。

另外，可以执行"文件"→"导出"→"导出为"命令，打开"导出为"对话框，将图片导出为 PNG、JPG 或 GIF 格式，并设置图片的像素、分辨率等，然后单击对话框下方的"导出"按钮，如图 1-44 所示，将设计好的文件保存成一般的图片格式，便于在店铺或社交媒体平台中展示。

1.2.2.6　软件系统优化设置

由于 Photoshop 是专门用来处理图形图像的软件，所以它不同于其他软件，需要在使用前根据系统上的可用资源来调整首选项，帮助用户的计算机以最佳速度稳定运行，避免出现冻结、滞后或延迟，以便更好、更快地进行图形图像处理工作。

打开 Photoshop CC 2020，执行"编辑"→"首选项"命令或按【Ctrl+K】组合键，打开"首选项"对话框，在此可以优化 Photoshop 的系统设置。该对话框中包括"常规""界面""文件处理""性能""暂存盘""光标""透明度与色域""单位与标尺""参考线、网格和切片"等选项卡。

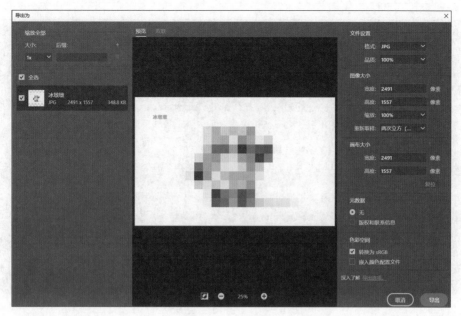

图 1-44　导出图片

（1）"常规"选项卡

"拾色器"和"图像插值"选项一般保持默认不做改动，下方"选项"选项组中的内容可以按照需求勾选或取消勾选，如图 1-45 所示。例如，取消勾选"自动显示主屏幕"复选框，下次打开 Photoshop 时可直接进入工作界面，欢迎界面将不再显示。

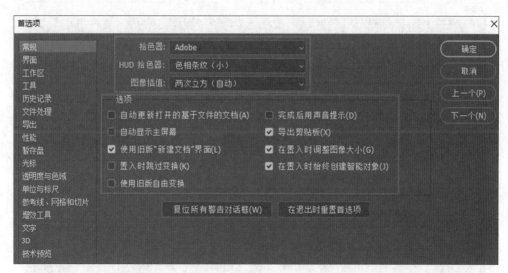

图 1-45　"常规"选项卡

（2）"界面"选项卡

该选项卡中包括"外观""呈现""选项"3 个选项组。在此可以对工作界面的"颜色方案""标准屏幕模式""全屏""画板""用户界面语言""用户界面字体大小"等进行设置，一般使用默认值，如图 1-46 所示。

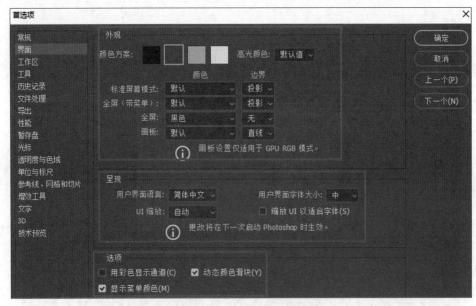

图 1-46　　"界面"选项卡

（3）"文件处理"选项卡

在该选项卡中可以对"文件存储选项"和"文件兼容性"进行设置，还可以设置"自动存储恢复信息的间隔"，当计算机出现问题，导致程序退出但没来得及保存文件，下次进入时可以恢复到最近一次文件自动保存的状态，如图 1-47 所示。

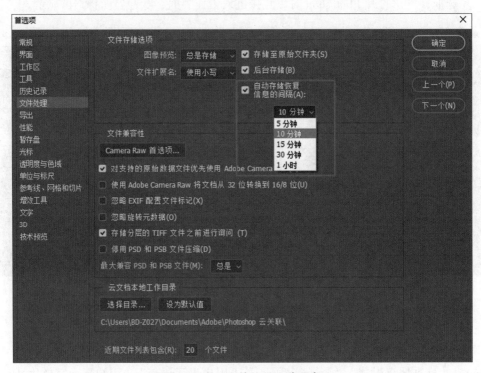

图 1-47　　"文件处理"选项卡

（4）"性能"选项卡

"性能"选项卡包括"内存使用情况""历史记录与高速缓存""图形处理器设置""选项"这4个选项组，如图1-48所示。用户可以根据自己计算机的配置情况设置内存的使用情况，左右调节"内存使用情况"选项组中的滑块到一个适合值，达到软件和计算机系统负载均衡运行即可。用户可通过控制"历史记录状态"（默认值是50步）来节省暂存盘的空间并提高性能。如果使用较大的像素尺寸文件，可将"高速缓存级别"设置为大于4的值，高速缓存级别越高，重绘的速度越快。

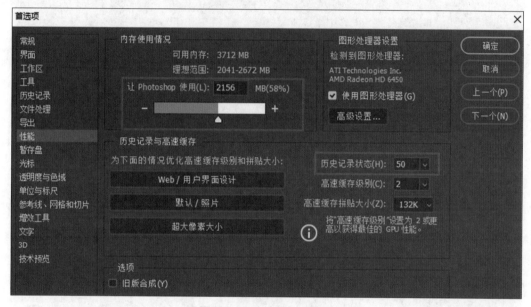

图1-48　"性能"选项卡

📧 经验之谈

"性能"选项卡中提供了以下3种高速缓存预设，用户可直接选择其中一种与使用Photoshop的主要目的相匹配的预设。

Web/用户界面设计。如果要将Photoshop主要用于Web、应用程序或屏幕设计，可选择此选项。此选项适用于具有大量低到中等像素大小资源图层的文件。

默认/照片。如果要将Photoshop用于修饰或编辑中等大小像素的图像，可选择此选项。例如，在Photoshop中编辑用手机或数码相机拍摄的照片。

超大像素大小。如果要在Photoshop中广泛处理超大像素的文件，如全景图、杂边绘画等，可选择此选项。

（5）"暂存盘"选项卡

暂存盘是Photoshop在运行时临时存储文件的地方。Photoshop使用此空间存储计算机内存中无法容纳的部分内容及其历史记录状态。"暂存盘"选项卡如图 1-49 所示。

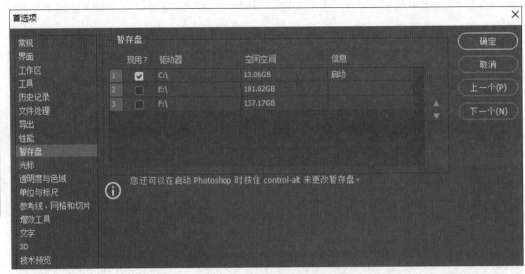

图 1-49　"暂存盘"选项卡

（6）"光标"选项卡

在该选项卡中可以设置工具箱中画笔的光标形状、模式，让用户选择更加适合自己的图形，还可以改变画笔预览颜色，如图 1-50 所示。

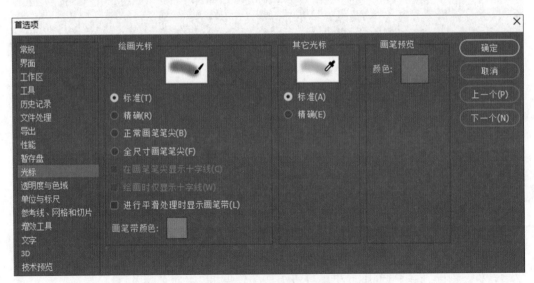

图 1-50　"光标"选项卡

（7）"透明度与色域"选项卡

在该选项卡中可以对透明画布及透明图像的透明色的颜色与大小等进行设置。

（8）"单位与标尺"选项卡

在该选项卡中可以设置数值单位和文字单位，并且设置新建文档的默认分辨率值，还可以更改点的运算模式。

（9）"参考线、网格和切片"选项卡

在该选项卡中可以对参考线、网格、切片、路径及控件进行内容设置。

1.2.3 认识 Photoshop 图层

微课视频

扫描下方二维码，进入与本任务相关的微课堂，进一步学习 Photoshop 图层的相关知识。

认识图层

1.2.3.1 图层的概念

图层是 Photoshop 中的常用术语，可以将其理解为带有文字或图形等元素的胶片。每一个图层由许多像素组成，不同图层上下叠加就可以组成图片，如图1-51所示。

图1-51 图层示意图

可以将图层理解为堆叠在一起的透明纸，透过上面图层的透明区域，可以看到下面的图层。移动透明纸（图层）来改变最终呈现的效果，也可以更改透明纸（图层）的不透明度以使内容部分透明。图层的叠加不是简单的堆积，而是要按展示的顺序，从上到下叠加在一起。例如，设计一个带有阴影的花瓶，按照图层的叠加顺序，应该将花瓶阴影图层放在花瓶图层的下面，这样才会凸显层次感。

Photoshop 中的绝大部分编辑操作都是在图层上进行的，因此图层是 Photoshop 的"地基"。

1.2.3.2　图层的作用

图层最大的作用是将需要编辑的对象进行分离，方便用户对单一对象进行修改、调整。例如，一张羽绒服的商品展示图片，身穿羽绒服的模特、装饰物雪花和背景雪山就是 3 个不同的对象，即 3 个不同的图层，如图 1-52 所示。在进行编辑时，可以选择其中一个图层进行色彩、大小、位置等调整，未被选择的图层不会被修改。这样有助于调整图片的细节，打造画面的层次感。

图 1-52　羽绒服商品展示图片

1.2.3.3　图层的类型

Photoshop 中有多种类型的图层，每个类型的图层都有其特殊功能。各种图层及其功能如下。

1）当前图层：指的是当前选择的图层。若设计者对图层进行编辑，就会在当前选择的图层上进行。

2）背景图层：指的是"图层"面板中被放到最下面的图层。

3）智能对象图层：指的是包含栅格或矢量图中的数据的图层。智能对象将保留源图及其所有原始特性，设计者在对图层进行编辑时，不会破坏源图，所有的操作都是可逆的。

4）蒙版图层：指的是可以添加蒙版的图层，设计者在对图层进行编辑时需要选择对应的蒙版图层，使用蒙版图层可以隐藏图层的部分内容，只显示下面的图层。

5）填充图层：指的是通过填充颜色、图案而创建的具有特殊效果的图层。

6）调整图层：指的是用白色、黑色、灰色填充的特殊图层，可以结合特定图层混合模式，在这个图层上进行编辑。

7）文字图层：指的是在图片上添加文字时，文字不会直接保留在当前的图片图层上，而是自己形成一个文字图层，设计者可以对文字图层进行颜色、大小、位置的调整。

1.2.3.4 "图层"面板

"图层"面板是进行图层操作时必不可少的工具，所有的图层操作都要通过"图层"面板来实现。

要显示"图层"面板，可以执行"窗口"→"图层"命令或按【F7】键，如图1-53所示。从图中可以看出，各个图层在面板中依次从下到上排列，它们在文档窗口中也是按照该顺序叠放的，即在面板最底层的"背景"层中的图像，也就是在文档窗口中显示在最下面的图像，而在面板最顶层的图像，也就是在文档窗口中被叠放在最上面的图像。面板中最顶层的图层中的图像不会被任何图层遮挡，而下面图层中的图像都要被上面的图层遮挡。

图1-53 "图层"面板

? 想一想

在进行图层操作时，除"图层"面板是必不可少的工具外，还有什么工具是必需的？它主要有哪些功能？

想一想参考答案

1.2.3.5 图层的基本操作

（1）选中图层

设计图片要先选中合适的图层，再对图层进行编辑。设计者可以直接在"图层"面板中找到图层，也可以在"图层"面板的左上角选择不同的类型来搜索或过滤图层，如图1-54所示。若要同时选中多个图层，可以按住【Ctrl】键并依

图1-54　过滤图层

次单击图层，以选中多个不连续的图层；或者按住【Shift】键并单击开始和结束图层，以选中连续的多个图层。

（2）链接图层或创建图层组

链接图层指的是将多个图层链接到一起，以便整体进行移动、复制、剪切等操作。创建图层组指的是将紧密相关的图层放在一个文件夹中，以便整体进行隐藏、复制、移动等操作。

（3）删除图层

对于错误、重复、多余的图层，可以选中后直接按【Delete】键，将其从"图层"面板中删除；也可以选中图层后单击"图层"面板下方的"删除"按钮将其删除；还可以选中图层后右击，在打开的快捷菜单中执行"删除图层"命令，将其删除。

（4）隐藏图层

在图层较多的情况下，图层之间可能会互相遮挡，有时候会干扰图层的操作。这时可以隐藏某个或某几个图层，以便对其他图层进行编辑。在"图层"面板中选中图层，单击该图层左边的"指示图层可见性"按钮 ，即可将其隐藏。

（5）复制图层

在设计图片时，有的图层需要被重复利用。设计者可以在"图层"面板中选中需要复制的图层并右击，在打开的快捷菜单中执行"复制图层"命令，打开"复制图层"对话框，在对话框中可以修改需要复制的图层的名称以便区分，完成后单击"确定"按钮，如图1-55所示。除此之外，还可以选中图层后按【Ctrl+J】组合键复制图层。

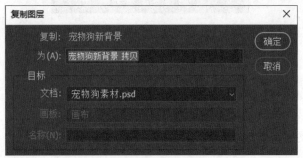

图1-55　复制图层

（6）锁定图层

在图层比较多的时候，对一些已经设计好的图层，或者不需要调整的图层，可以在"图层"面板中单击其左边的"锁定"按钮 🔒 ，将其锁定，避免误操作修改了已经设计好的图层。

（7）重命名图层

若图层多且全部用系统默认的名称，在设计时可能分不清楚这些图层，设计者会将大量时间耗费在寻找对应图层上，因此最好对每个图层重新命名以便区分。在"图层"面板中双击目标图层名称，对其进行重命名。

（8）新建图层

为了更加便于图片的设计，有时会通过新建图层来预览设计效果。例如，在使用文字工具或形状工具时，系统会自动新建图层；也可以单击"图层"面板最下方的 回 按钮，新建一个图层。

1.2.3.6 图层样式

图层样式包括"斜面和浮雕""描边""内阴影""内发光""光泽""颜色叠加""渐变叠加""图案叠加""外发光""投影"等。这些图层样式通常作用在普通图层上，通过调节其属性即可实现不同的图层效果。在菜单栏的"图层"下拉菜单中执行"图层样式"命令，打开"图层样式"对话框，即可为图层设置样式，图层样式不适用于背景图层和被锁定的图层。

（1）斜面和浮雕

用于设计凸出或凹陷的浮雕样式，常用在立体按钮、文字等效果制作中。设计者调节对话框中的各个属性，就能得到自己想要的设计效果，如图 1-56 所示。

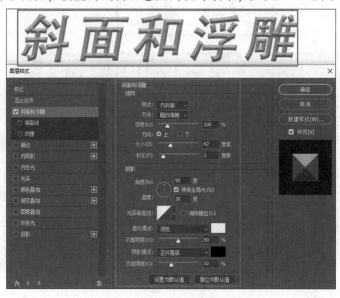

图 1-56　斜面和浮雕

经验之谈

在 Photoshop 中，为图层设置效果和样式都是通过"图层样式"对话框实现的，每个图层样式有不同的选项。例如，"斜面和浮雕"选项卡中有以下主要选项。

①样式：设置浮雕的样式。

②方法：设置浮雕的平滑特性。

③深度：设置浮雕的强度。

④方向：切换亮部和暗部的方向。

⑤大小：设置浮雕的范围。

⑥软化：设置效果的柔和度。

⑦角度：设置外斜面的倾斜程度。

⑧高度：设置浮雕的倾斜高度。

⑨光泽等高线：设置浮雕的整体轮廓形状。

⑩高光模式：设置斜面中亮面的颜色。

⑪阴影模式：设置暗部的颜色。

（2）描边

使用该图层样式，可以在图像外侧、内侧添加描边效果。可以添加实色边缘，也可以添加图案边缘，如图 1-57 所示。

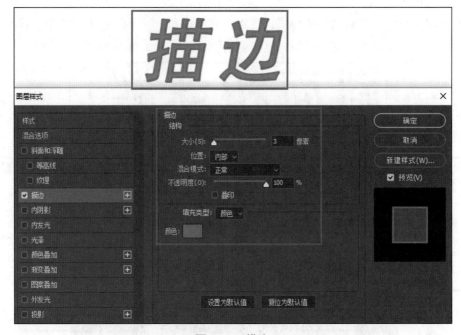

图 1-57　描边

（3）内阴影

该图层样式用于在图像内部产生内刻的阴影效果。设计者通过设置阴影的"距离""阻塞""大小"等，控制图像内部的阴影效果，如图1-58所示。

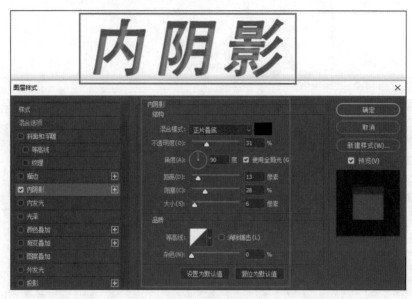

图1-58　内阴影

（4）内发光

该图层样式用于产生内部发光效果。增加"杂色"值会增强发光部分的颗粒效果，还可以设置发光的颜色，选择光源是从中间向外还是从边缘向内，如图1-59所示。

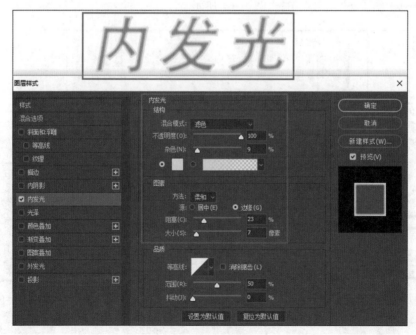

图1-59　内发光

（5）光泽

该图层样式用于添加多种光影，通过修改"混合模式""不透明度""角度""距离""大小"等，可以设计出不同的光泽样式，如图 1-60 所示。

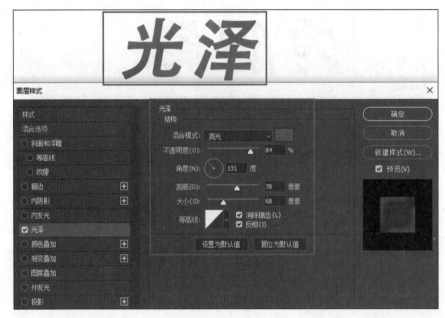

图 1-60　光泽

（6）颜色叠加、渐变叠加和图案叠加

上述 3 种图层样式用于进行颜色叠加、渐变叠加和图案叠加，其属性设置和效果分别如图 1-61、图 1-62、图 1-63、图 1-64 所示。

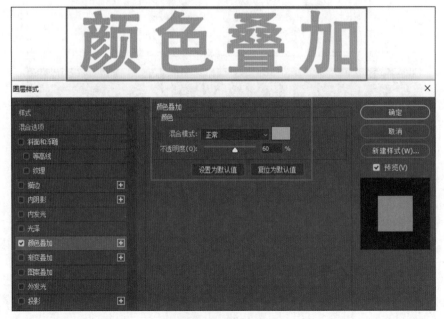

图 1-61　颜色叠加

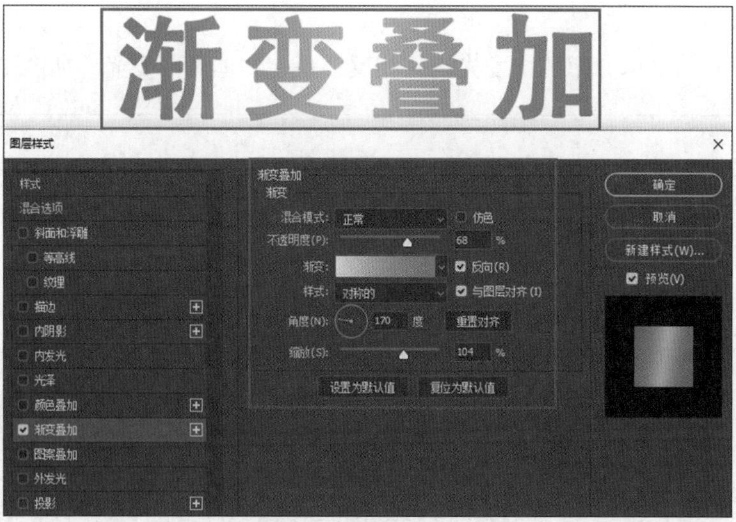

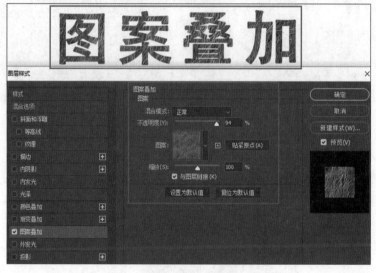

图 1-62　渐变叠加

图 1-63　图案叠加

图 1-64　效果展示

（7）外发光

该图层样式与前面介绍的内发光正好相反，是在物体外部发光，如图 1-65 所示。

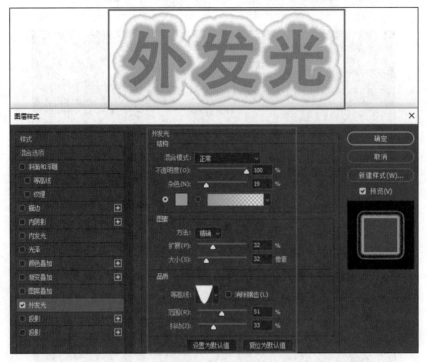

图 1-65　外发光

（8）投影

该图层样式用于使图像更具有空间感，增强图像边缘的颜色对比，如图 1-66 所示。

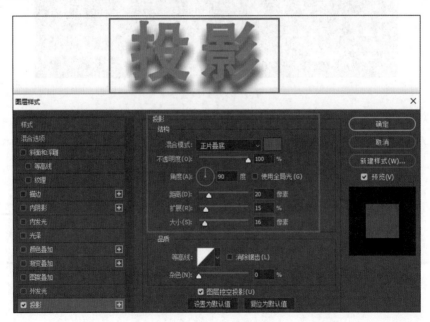

图 1-66　投影

经验之谈

"投影"选项卡中常用的选项如下。

①混合模式：选择投影的多种模式。

②不透明度：设置图层效果的不透明度。

③角度：设置投影光线照射的方向。

④距离：设置投影偏离图像的距离。

⑤扩展：控制投影效果到完全透明边缘过渡的平滑程度。

⑥大小：设置投影的大小。

⑦等高线：选择投影的轮廓。

⑧杂色：设置添加投影的杂色点大小。

（9）混合选项

图层样式中还有混合选项。混合选项主要包括"常规混合""高级混合""混合颜色带"，如图1-67所示。

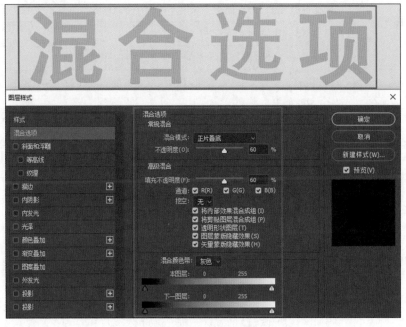

图1-67　混合选项

"常规混合"选项组中包括"混合模式"和"不透明度"，这里与"图层"面板上的设置方法和作用相同。

"高级混合"选项组中包括"填充不透明度""通道""挖空"和分组混合选项。"填充不透明度"用于控制图层内的不透明度，和图层填充中的不透明度类似。"通道"用于将混合选项生效于被勾选的通道内，未被勾选的通道则不会生效。"挖空"指的是用上方图层的形状来显示下方图层，共有"无""浅""深"3个选项。分组混合选项用于通过勾选复选框来设定混合效果的作用范围。

"混合颜色带"用于控制当前图层和下一图层是隐藏还是显示状态，可以通过下拉列表选择混合颜色带的通道范围。

1.2.4 图片的二次构图

1.2.4.1 淘宝店铺的图片要求

店铺中的图片分辨率没有特殊要求，一般不低于 72 ppi 即可。需要的图片素材尺寸因平台要求不同而各有差异，也因展示的位置不同而不同。以淘宝官网为例，其对不同类型的图片要求如表 1-4 所示。

表 1-4　淘宝店铺的图片要求

类型	图片要求
商品主图	建议用正方形图片（即 1∶1 宽高比）
	宽度不能大于 5 000 像素，长度不能大于 5 000 像素，展示效果需要自己把控
	大小 ≤3 MB
	上限 5 张（部分类目第 5 张的位置要求传白底图）
手机端详情图片	480 像素 ≤宽度 ≤1 500 像素（手机端图片的宽度建议上传 750 像素），0<高度 ≤2 500 像素
	大小 ≤10 MB
计算机端详情图片	宽度 ≤750 像素，高度未限制（不建议太长，否则容易导致消费者打开页面时卡顿）
	大小 ≤3 MB，仅支持 JPG、JPEG、GIF、PNG 格式
店招	计算机端店招：宽度为 950 像素，高度不超过 120 像素，否则导航条会展示异常
	手机端店招：宽度为 750 像素×580 像素，大小 400 KB 左右，支持格式为 JPG、PNG
轮播图	不同区域的轮播图的宽度不同，高度必须为 100~600 像素，宽度可以是 1 920 像素、950 像素、750 像素和 190 像素
通栏广告	全屏通栏广告要求宽度为 1 920 像素，高度尽量根据首屏进行设置，建议为 500~600 像素
	标准通栏广告要求宽度为 950 像素，高度尽量根据首屏进行设置，建议为 500~600 像素

📩 **企业小课堂**

小米有品创意总监介绍爆品电子商务设计心法

2021年5月，小米有品创意总监王阳与谷仓学院院长洪华博士为来自全国各地160余家优秀企业的高管进行了爆品设计的精彩分享。

想做好电子商务设计，要找准设计的榜样。什么是设计的榜样？简单来说，就是电子商务设计的最优解。它一定是一个约定俗成的，经过时间、市场、用户检验的设计方式。一个新兴的品牌想要跨越时间的鸿沟，就需要找准设计的榜样，看到设计榜样身上的亮点，从中找出自己能够消化吸收的东西，做出自己的风格。

利用好设计的主旋律。每个时代，每个行业，都有自己的主旋律，像互联网人熟知的"千团大战""千骑大战"等，也就是"风口"，抓准"风口"可以享受到很多红利，电子商务设计也是如此。流行的设计趋势、典型的消费模式、爆红的沟通话术等都是可利用的有效设计手段。设计的主旋律意味着在一个特定时间节点，内因和外因都会影响用户的审美与心智。抓住设计的主旋律，会让品牌跟用户沟通时不需要太多的铺垫，就能使用户产生熟悉的感觉，抓住这种感觉，会让设计先人一步，快人一步。

在蚂蚁市场进行设计演练。很多小米生态链企业会花大量时间和金钱筹备与研发产品，这些产品的发布对于生态链企业而言是"首站即决战"，稍微出一点差错就会对整个企业、整个品牌体系构成致命打击。在蚂蚁市场进行设计演练，给了设计团队试错、成长的机会。在参与"决战"前，希望设计师通过大量小产品的设计训练，了解各行业、各品类、各维度与用户沟通的方法与技巧，积累保障成功的经验。设计师即便在服务一款毛巾、一款内裤、一款袜子时，都要有一个很好的心态，把它当作一个大生意来做。

（资料来源：千龙新闻网）

1.2.4.2 裁剪工具

（1）认识裁剪工具

裁剪工具位于工具箱中，其按钮是一个四条边从对角线延长出去的方形，如图1-68所示。使用裁剪工具可以对图像进行裁剪，重新定义画布的大小。

图1-68 裁剪工具

选中裁剪工具后，画布上会出现矩形定界框，拖动定界框的 4 个顶点，可以对画布进行裁剪，如图 1-69 所示。

图 1-69　拖动定界框裁剪画布

（2）裁剪工具的工具选项栏

1）设置裁剪比例。在"选择预设长宽比或裁剪尺寸"右侧的下拉列表中，有多个裁剪选项可供选择，如图 1-70 所示。

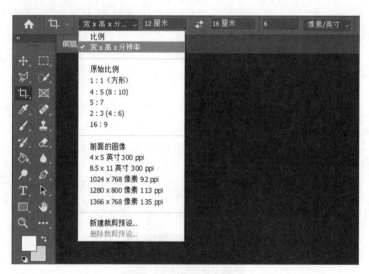

图 1-70　设置裁剪比例

2）拉直。单击"拉直"按钮，可以辅助设计者调整图片的角度。

3）视图。视图中包含三等分、网格、对角线、三角形、黄金比例等构图线，使用这些辅助工具，能帮助设计者更加灵活地完成图片的裁剪。

4）"小齿轮"按钮。单击这个按钮后，可选择更细致的裁剪设置，如使用经典模式、显示裁剪区域、自动居中预览、启用裁剪屏蔽等。

5）删除裁剪的像素。该复选框如图1-71所示。若在设计过程中不勾选这个复选框，后面所做的裁剪操作都是无损的；若勾选了这个复选框，裁剪完后，原先的图片就不会保留在文件中了。

图1-71 裁剪工具的工具选项栏

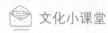 文化小课堂

摄影构图艺术——黄金分割法构图

一幅好的摄影作品不仅要有深刻的主题思想和内容，还应该具有与内容相互匹配的优美形式与协调的构图方式。黄金分割法构图是摄影的基本技法之一，利用这一技法，可以有效地控制画面主体位置及主体与环境的关系，使画面更加自然、和谐、生动。

俗话说"画留三分空，生气随之发"，黄金分割法构图是将整个画面横向和纵向分割成相等的3份（需要4条线），使画面形成9个面积相等的方格，这4条线就是黄金分割线，这4条线的交点就是黄金分割点。也就是说，把拍摄主题放在三等分画面的任意两条直线的交叉点上（这个交叉点也称趣味点或趣味中心），会得到意想不到的效果。

在具体拍摄时，把拍摄对象放置在哪个位置合适，要根据实际场景来决定。如果把拍摄主体放置在画面的中心位置，整体画面看着比较呆板、单调。想让照片达到更好的视觉效果，需要把拍摄主体稍稍偏移中心位置，放置于黄金分割点处。利用陪衬体衬托画面中的主体，可以起到强调的作用。例如，拍摄广阔的风景照片时，如果没有其他景物的点缀，会显得很空旷；将远处的小房子放在黄金分割线的位置，就会起到点缀整个画面的作用，使画面更和谐；拍摄人物时，被拍摄主体的眼睛一般会安排在这个"井"字的一个焦点或一条线上，人物面朝的方向多留点空间，人物背后少留点空间，这样不至于呆板，看上去也会很舒服、流畅。

因此，合理利用黄金分割法对拍摄场景进行布局，可以展示稳定、美观的画面效果，还可以更好地突出主体对象，使画面更加协调，主题明确。

1.2.4.3　其他裁剪工具

（1）透视裁剪工具

这个裁剪工具是一个特殊的裁剪工具，使用该工具不会自动在图像周围放置定界框，而是要手动选择一个裁剪区域。通过拖动定界框的 4 个顶点，来实现透视裁剪。

（2）切片工具

切片工具常用于制作在网络中应用的图片。使用切片工具可以将一张大图片切成若干张小图片，方便将图片上传，同时方便消费者浏览时更快地加载图片。切片工具相关操作将在后续任务中介绍。

🌐 任务实施

（一）裁剪工具

📝 课堂案例——倾斜风景图的校正

【案例教学目标】学习使用裁剪工具对图像进行调整。

【案例知识要点】使用裁剪工具的"拉直"按钮调整倾斜的图像，效果如图 1-72 所示。

图 1-72　倾斜风景图的校正

扫码查看素材和操作方法

倾斜风景图校正素材　　认识图片裁剪工具

（二）其他剪裁工具

📝 课堂案例——使用透视裁剪工具进行图片处理

【案例教学目标】学习使用透视裁剪工具对图像进行处理。

【案例知识要点】使用透视裁剪工具对图像进行调整，使用"对号"按钮完成图像的裁剪，效果如图 1-73 所示。

扫码查看素材和操作方法

使用透视裁剪工具　　　认识图片裁剪工具

进行图片处理素材

图 1-73　使用透视裁剪工具进行图片处理

? 练一练

参考上述案例步骤，并结合所学知识，分别使用透视裁剪工具和"拉直"按钮，裁剪和校正图 1-74 中倾斜的行李箱。

倾斜的行李箱素材

轻巧空气感
快乐出行

图 1-74　倾斜的行李箱

任务评价

基于学生在本任务中学习、探究、训练的课堂表现及完成结果，参照表 1-5 的考核内容进行评分，每条考核内容分值为 10 分，学生总得分=30%学生自评得分+70%教师评价得分。

表 1-5　考核内容及评分

类别	考核项目	考核内容及要求	学生自评（30%）	教师评价（70%）
技术考评	质量	认识 Photoshop 及其作用，了解其工作界面和 2020 版本的更新要点		
		认识 Photoshop 的基本操作		
		认识 Photoshop 图层，了解图层的作用、类型及基本操作		
		能够利用 Photoshop 中的裁剪工具进行图片的二次构图		
		具备良好的职业素养，能够在图形图像的基本操作中保持耐心、细心的工作态度		

图形图像处理

类别	考核项目	考核内容及要求	学生自评（30%）	教师评价（70%）
非技术考评	态度	学习态度认真、细致、严谨，讨论积极，踊跃发言		
	纪律	遵守纪律，无无故缺勤、迟到、早退现象		
	协作	小组成员间合作紧密，能互帮互助		
	文明	合规操作，不违背平台规则、要求		
总计				

存在的问题	解决问题的方法

自我提升与检测

问题 1：Photoshop 具备哪些功能？

_____

_____

自我提升与检测答案

问题 2：选区是什么？其有什么作用？

_____

_____

问题 3：图层有哪些类型？

_____

_____

任务 1.3 Photoshop 抠图技巧应用

任务分析

李妍掌握了 Photoshop 的基本操作之后，在抠图时，她发现目前掌握的这些工具还无法满足实际工作的需求，有些图像不能直接拍摄完成，需要通过抠图和重新构图才能完成。为了快速适应岗位要求，李妍还必须熟练掌握 Photoshop 抠图的相关操作，包括以下内容。

1. 规则图像抠图。
2. 简单背景抠图。
3. 复杂图像抠图。
4. 毛发抠图。
5. 半透明物体抠图。

任务目标

1. 认识不同的抠图工具，包括选框工具组、套索工具组、魔棒工具、快速选择工具、钢笔工具组、色彩范围、通道等。
2. 掌握不同抠图工具的应用技巧，并能够独立完成抠图操作。
3. 具备良好的审美意识，在图形图像处理中合理融入设计元素，完成图形图像的美化工作。

知识储备

抠图实际上是将图片中的一部分从原有的图层中拆分出来，以设计素材的形式进行保存，方便后续设计时取用。李妍了解到，在 Photoshop 中有很多工具可以用来实现抠图，包括选框工具组、套索工具组、魔棒工具、快速选择工具、钢笔工具组、色彩范围和通道等。

> ? 想一想
>
> 在进行图形图像设计和制作时，常常会用到抠图工具，为什么要使用抠图工具？不同的抠图工具有哪些使用技巧和方法？
>
>
>
> 想一想参考答案

1.3.1　选框工具组

选框工具组包含矩形选框工具、椭圆选框工具、单行选框工具和单列选框工具，如图 1-75 所示。

矩形选框工具是 Photoshop 第一个版本就存在的基础工具，用它能创建长方形和正方形选区，适合选取门、窗、画框、屏幕、标牌等规则的对象，也可用于创建在网页中使用的矩形按钮。

图 1-75　选框工具组

椭圆选框工具可用于创建椭圆形和圆形选区，适合选取篮球、乒乓球、盘子等圆形对象。

使用上述两个选框工具时，拖动鼠标可以创建椭圆形选区。按住【Alt】键并拖动鼠标，能以单击点为中心向外创建矩形或椭圆形选区；按住【Shift】键并拖动鼠标，可以创建正方形或圆形选区；按住【Shift+Alt】组合键并拖动鼠标，能以单击点为中心向外创建正方形或圆形选区。

单行选框工具和单列选框工具分别用于创建高度为 1 像素的矩形选区和宽度为 1 像素的矩形选区，它们适合在制作网格线时使用。

1.3.2　套索工具组

套索工具组在选框工具组的下方，包括套索工具、多边形套索工具、磁性套索工具，如图 1-76 所示。套索工具组用来制作不太规则的选区。

使用套索工具，可以直接在画布上自由绘制，按住鼠标左键将画出黑线轨迹，释放鼠标即可闭合选区。

使用多边形套索工具可采用逐点单击的方式，建立直线线段围合的多边形选区。在单击绘制选区的过程中，可

图 1-76　套索工具组

以按【BackSpace】键取消上一次的绘点，也可以直接双击，或者按【Enter】键，就地闭合选区，完成选区的绘制；按【Alt】键，可以实现多边形套索工具和套索工具的切换，从而绘制多边形和自由线结合的选区。

磁性套索工具有智能识别边缘的功能。使用时，可以先在图像的边缘单击，然后沿着图像边缘轻轻滑动鼠标指针，轨迹线会自动找到附近对比强烈的边缘点进行标记，也可以在图像边缘单击，创建轨迹线。

1.3.3　魔棒工具

魔棒工具是基于颜色自动识别选择来创建选区的。使用魔棒工具只需要在图像中的

某个点单击，Photoshop 就可以选择与这个点颜色相近的像素的区域，从而生成选区。

在魔棒工具的工具选项栏中可以调整魔棒工具的"容差"值，如图 1-77 所示。该值越小，选取的颜色范围越小；该值越大，选取的颜色范围越大。

图 1-77　魔棒工具的"容差"值

在魔棒工具的工具选项栏中，可以选择选区选项，如图 1-78 所示：①指新选区，②指添加到选区，③指从选区减去，④指与选区交叉。魔棒工具的鼠标指针会随选中的选项而变化。

图 1-78　选区选项

在魔棒工具的工具选项栏中可以设置"取样大小"，可以设置为单个取样点，也可以设置为多个像素的平均值，例如"3×3 平均""5×5 平均""11×11 平均"等，如图 1-79 所示。

勾选工具选项栏中的"消除锯齿"复选框，可以创建平滑选区边缘。若勾选"连续"复选框，则只选择使用相同颜色的邻近区域；若不勾选"连续"复选框，则会选择在整幅图像中使用相同颜色的所有像素。这两个复选框如图 1-80 所示。

图 1-79　设置"取样大小"

图 1-80　"消除锯齿"和"连续"复选框

1.3.4　快速选择工具

快速选择工具是基于色调和颜色差异来构建选区的工具。使用快速选择工具时，需要像绘画一样创建选区，在想要选中的对象上涂抹，Photoshop 会根据涂抹区域的对象色彩差异自动创建选区。对于想要选择的对象的边缘细节，可以通过调整画笔大小来调整，按【[】键可以缩小画笔，按【]】键可以放大画笔。

使用快速选择工具的绘制模式，即工具选项栏中的"新选区" "添加到选区""从选区减去"模式，可协助完成选区的创建，如 图1-81所示。绘制选区很少能一次成功，一般先小范围绘制，再 配合使用"添加到选区"模式逐步增大选区范围，最终得到想要 的完整部分。若在绘制过程中不小心绘制了不想要的区域，可以使用"从选区减去"模 式将多余的选区减去。

图1-81 快速选择 工具的绘制模式

1.3.5 钢笔工具组

钢笔工具组是一个非常灵活的工具组，使用钢笔工具组 可以绘制形状、路径，以及建立选区。在 Photoshop 的钢笔工 具组中包含6个工具，它们分别用于绘制路径、添加锚点、删 除锚点及转换锚点类型，如图1-82所示。

图1-82 钢笔工具组

1.3.5.1 钢笔工具组的分类

钢笔工具：最常用的路径工具，使用它可以创建光滑而复杂的路径。

自由钢笔工具：类似于真实的钢笔工具，使用它可以像绘图一样绘制路径。

弯度钢笔工具：使用它可以创建自定形状或定义精确的路径，并且不需要切换快捷 键，就可以转换钢笔的直线或曲线模式。

添加锚点工具：用于为已经创建的路径添加锚点。

删除锚点工具：用它可以从已经创建的路径中删除锚点。

转换点工具：用它可以转换锚点的类型，例如将路径的圆角转换为尖角，或者将路 径的尖角转换为圆角。

1.3.5.2 钢笔工具的工具选项栏

（1）工具模式

选择钢笔工具后，在工具选项栏中单击"工具模式选择"下拉列表中的"形状"选 项，便可以在形状图层中创建路径；若选择"路径"选项，可以直接创建路径；若选择 "像素"选项，创建的路径是填充像素的框，如图1-83所示。

图1-83 工具模式

（2）路径选项

选择钢笔工具后，在工具选项栏中单击此按钮，可以打开下拉面板，设置路径的粗细及颜色，如图 1-84 所示。

（3）对齐边缘

勾选该复选框后，可以将矢量形状边缘与像素网格对齐，如图 1-85 所示。

图 1-84　"路径选项"下拉面板　　　　　图 1-85　"对齐边缘"复选框

1.3.5.3　绘制图形

（1）快捷键

1）若想要结束线段的绘制，可以按【Esc】键退出绘制状态。

2）若想要控制锚点的方向或线段的位置，可以按住【Ctrl】键对锚点和线段进行调整。

3）按住【Alt】键可以控制方向控制柄，改变线条的弧度。

（2）绘制直线

选择钢笔工具，在画布上单击，创建第一个锚点，在另一个地方单击，创建第二个锚点，这两个锚点会自动连成一条直线，如图 1-86 所示。

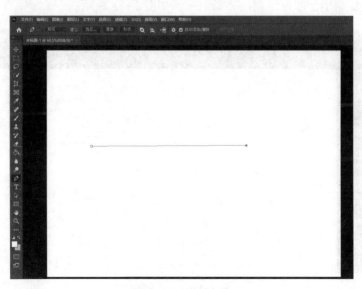

图 1-86　绘制直线

（3）绘制闭合区域

在画布上单击，创建多个锚点，然后将鼠标指针移到起始锚点附近，鼠标指针旁会出现一个小圆圈，这时单击，即可形成一条闭合的路径。按【Ctrl+Enter】组合键，可以将路径转换为选区，如图 1-87 所示。

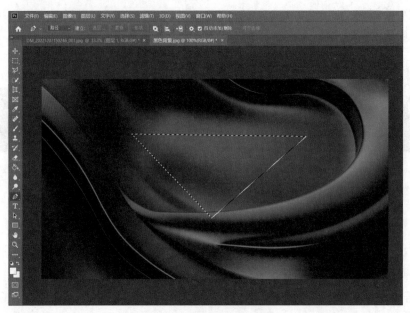

图 1-87　将路径转换为选区

（4）绘制曲线

单击创建第一个锚点，按住鼠标左键并向下拖动，拉出一个方向控制柄，释放鼠标，即可创建曲线的第一个锚点；接着创建另一个锚点，按住鼠标左键并向上拖动，拉出另一个方向控制柄，即可绘制出一条曲线，如图 1-88 所示。

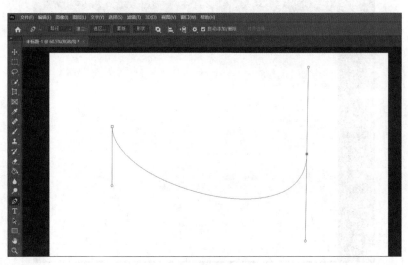

图 1-88　绘制曲线

（5）绘制直线和曲线相结合的线段

按照前面介绍的方法绘制一条曲线，然后按住【Alt】键单击第二个锚点，即可删除第二个锚点的方向控制柄，单击画布，创建新的锚点，就可以绘制出曲线后的直线线段。若想再次绘制曲线，可以在新的锚点上拉出一个方向控制柄，就能够继续绘制曲线了，如图1-89所示。

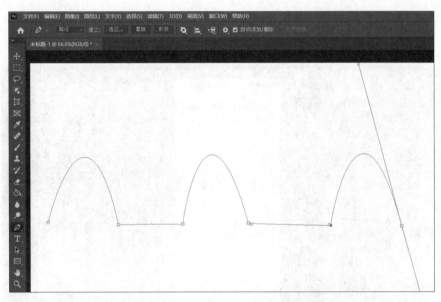

图 1-89　绘制直线和曲线相结合的线段

（6）绘制连续的拱形

首先绘制出第一个拱形，按住【Alt】键，把下方的方向控制柄调整到相反方向，接着创建下一个锚点。在创建下一个锚点时，同样按住【Alt】键，把下方的方向控制柄调整到相反方向。重复这样的操作，即可画出连续的拱形，如图1-90所示。

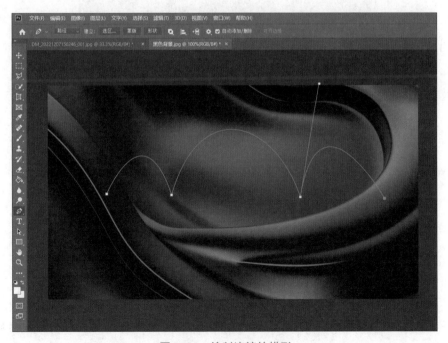

图 1-90　绘制连续的拱形

1.3.6 色彩范围

色彩范围的工作原理是根据颜色建立选区。执行"选择"→"色彩范围"命令,即可打开"色彩范围"对话框,如图1-91和图1-92所示。

图1-91 执行"选择"→"色彩范围"命令

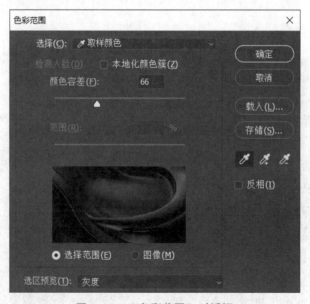

图1-92 "色彩范围"对话框

"色彩范围"对话框中主要选项的功能如下。

1)"选择"下拉列表:在"选择"下拉列表中选择"取样颜色"选项,鼠标指针会变成一个吸管形状,使用其在画布中单击,可以选取某种颜色,以便后面创建选区。

2）"检测人脸"复选框：选择人像或人物皮肤时，勾选这个复选框，可以更加准确地选择肤色。

3）"本地化颜色簇"复选框：勾选这个复选框，可以使当前选中的颜色过渡得更平滑。

4）"颜色容差"文本框和滑块：用来控制颜色的范围，"颜色容差"值越高，包含的颜色范围越广。

5）"范围"文本框和滑块：拖动滑块或直接在文本框中输入数值，可以调整本地颜色簇的选择范围。

6）"选区预览"下拉列表：用于设置图像中选区的预览效果，选择不同的预览效果后，文档窗口中的内容会随之改变。

7）吸管工具组：对话框右侧的吸管工具组用于提取图像中的颜色，并可对颜色进行增加或减少的操作。

8）"反相"复选框：若勾选该复选框，则会选中前面设定的选区的相反方向。

9）"选择范围"和"图像"单选按钮：选择"图像"单选按钮，可以在预览框中显示该图像的效果；选择"选择范围"单选按钮，即可通过预览框查看当前选区的选中效果。

10）"存储"按钮：在"色彩范围"对话框中单击该按钮，可以将在该对话框中设置的色彩范围进行保存，以便应用到其他图像中。

1.3.7 通道

1.3.7.1 通道的概念

通道是 Photoshop 中具有的高级功能，它与图像内容、色彩和选区有关。"通道"面板如图 1-93 所示。Photoshop 中提供了 3 种类型的通道，分别是颜色通道、Alpha 通道和专色通道。

图 1-93 "通道"面板

1.3.7.2 通道的分类

（1）颜色通道

颜色通道用来存储图片的颜色信息。以 RGB 图片为例，所有的颜色信息都被分类存储在红、绿、蓝 3 个通道中，这 3 个通道也被称为单色通道。在"通道"面板最上方的是 RGB 通道，该通道是复合通道，显示的是红、绿、蓝通道组合在一起的效果。在 RGB 模式下，所有的颜色都是由数值 0~255 的红、绿、蓝组合而成的。其中"0"表示没有颜色信息，"255"表示颜色信息为最大值，例如 255 的红色就是最鲜艳的红色。图片的红、绿、蓝信息分别存储在红、绿、蓝通道中。

（2）Alpha 通道

Alpha 通道是用来保存选区的通道，使用频率非常高，而且非常灵活。一个选区经过保存后就成为一个灰度图像，保存在 Alpha 通道中，在需要时可载入图像继续使用。通过添加 Alpha 通道，可以创建和存储蒙版，这些蒙版用于处理或保护图像的某些部分。

Alpha 通道与颜色通道不同，它不会直接影响图像的颜色。在 Alpha 通道中，白色代表被选择的区域，黑色代表未被选择的区域，灰色代表被部分选择的区域。

（3）专色通道

专色通道是用来保存专色油墨的通道，应用于印刷领域。当需要在印刷物上添加特殊的颜色，如银色、金色时，就需要创建专色通道，以存储专色油墨的浓度、印刷范围等信息。

1.3.7.3　通道的作用

1）可以使用通道来存储和制作精确的选区，并对选区进行各种处理。

2）可以把通道看作由原色组成的图像，利用"图像"菜单中的"调整"命令可以对单色通道中图像的色阶、曲线、色相、饱和度等进行调整，方便图像的处理。

3）利用滤镜对单色通道（包括 Alpha 通道）中的图像进行处理，可以改善图像的品质，创建复杂的艺术效果。

1.3.7.4　通道与选区、蒙版的关系

在 RGB 图片和 CMYK 图片的通道中，黑色代表选区中未被选择的区域，灰色代表选区中被部分选择的区域，白色代表选区中被全部选择的区域。对于选区来说，无论是通道还是蒙版，这个规律都是固定的。

通道用黑、白、灰表示颜色信息的多少，蒙版用黑、白、灰隐藏和显示。在"图层"面板中建立一个图层蒙版时，通道中会自动生成一个对应的 Alpha 通道，因此一般认为图层蒙版也是一种通道。

任务实施

（一）椭圆选框工具的使用

课堂案例——规则图像抠图

【案例教学目标】学习使用椭圆选框工具进行规则图像抠图。

【案例知识要点】使用椭圆选框工具创建椭圆形和圆形选区，使用【Ctrl+J】组合键复制当前图层，得到抠出的图像，效果如图1-94所示。

扫码查看素材和操作方法

规则图像抠图素材　　规则图像抠图

图1-94　规则图像抠图

（二）快速选择工具的使用

📑 **课堂案例——简单背景抠图**

【案例教学目标】学习使用快速选择工具进行简单背景抠图。

【案例知识要点】使用快速选择工具创建选区，使用"添加到选区"和"从选区减去"模式对全区进行细节调整，使用【Ctrl+J】组合键创建新图层，将选中的区域抠出来，使用【Ctrl+O】组合键打开新的背景素材，使用移动工具调整图层位置，使用工具属性栏完成初步的背景更换，效果如图1-95所示。

扫码查看素材操作方法

简单背景抠图

图1-95　简单背景抠图

（三）钢笔工具的使用

📑 **课堂案例——复杂图像抠图**

【案例教学目标】学习使用钢笔工具进行复杂图像抠图。

【案例知识要点】使用钢笔工具创建路径锚点，使用【Alt】键调整锚点弧度，使用【Ctrl+J】组合键创建新图层，完成抠图，使用【Ctrl+O】组合键打开新的背景素材，将抠出的两个人物素材放置在新的背景上，效果如图1-96所示。

图 1-96　复杂图像抠图

扫码查看素材和操作方法

红楼梦盲盒　　　红楼梦新换　　　复杂图像
素材　　　　　背景素材　　　　抠图

（四）色彩范围的使用

📑 **课堂案例——毛发抠图**

【案例教学目标】 学习使用色彩范围进行毛发抠图。

【案例知识要点】 执行"选择"→"色彩范围"命令，打开"色彩范围"对话框，设置选区预览及选择颜色，使用吸管工具提取图像中的颜色，使用【Ctrl+J】组合键创建新图层，完成抠图，使用【Ctrl+O】组合键打开新的背景素材，将抠出的宠物狗放在新的背景上，效果如图 1-97 所示。

图 1-97　毛发抠图

扫码查看素材和操作方法

宠物狗素材　　　宠物狗新背景素材　　　毛发抠图

（五）"通道"面板的使用

📑 **课堂案例——半透明物体抠图**

【案例教学目标】 学习通过"通道"面板进行半透明物体抠图。

【案例知识要点】 使用"通道"面板，选择差异最明显的通道，复制该通道，将其变成 Alpha 通道，选中通道并设置图像的色阶，使用魔棒工具选择透明部分并完成通道抠图，选择"可选颜色"并设置可选颜色，使用套索工具进行套索抠图，使用黑色画笔工具调整不透明度，直至画面中白色部分变透明为止，效果如图 1-98 所示。

扫码查看素材和操作方法

可乐瓶素材　　可乐瓶新背景素材　半透明物体抠图

图 1-98　半透明物体抠图

? 练一练

参考项目内容，并结合所学知识，选择合适的抠图工具，对图 1-99 中的卡通形象进行抠图，并将其放在新的背景中。

卡通形象抠图素材　　　　　　图 1-99　卡通形象

任务评价

基于学生在本任务中学习、探究、训练的课堂表现及完成结果，参照表 1-6 的考核内容进行评分，每条考核内容分值为 10 分，学生总得分=30%学生自评得分+70%教师评价得分。

表 1-6　考核内容及评分

类别	考核项目	考核内容及要求	学生自评（30%）	教师评价（70%）
技术考评	质量	认识不同的抠图工具，能够阐述不同的抠图工具的特点及作用		
		熟练掌握选框工具组、快速选择工具与钢笔工具组的使用		
		理解用色彩范围与通道进行抠图的原理，并能够灵活运用该类工具进行抠图		
		掌握不同抠图工具的应用技巧，并能够独立完成抠图操作		
		具备良好的审美意识，在图形图像处理工作中合理融入设计元素，完成图形图像美化工作		

类别	考核项目	考核内容及要求	学生自评（30%）	教师评价（70%）
非技术考评	态度	学习态度认真、细致、严谨，讨论积极，踊跃发言		
	纪律	遵守纪律，无无故缺勤、迟到、早退现象		
	协作	小组成员间合作紧密，能互帮互助		
	文明	合规操作，不违背平台规则、要求		
总计				

存在的问题	解决问题的方法

自我提升与检测

问题 1：哪些工具是基于颜色自动识别原理进行主体选择的？

自我提升与检测答案

_____

_____

问题 2：如何使用钢笔工具勾勒扇形物体？

_____

_____

问题 3：简述颜色容差的作用和使用场景。

_____

_____

问题 4：通道有哪些分类？不同的道通有什么用处？

_____

_____

_____

知识与技能训练

【同步测试】

一、单选题

1. Photoshop 的作用不包括（   ）。

A. 修复瑕疵 　　　　　　　　　　　　　　 B. 美化人像

C. 校正颜色 　　　　　　　　　　　　　　 D. 翻拍照片

2. （   ）适用于选取门、窗、画框、屏幕、标牌等外形规则的对象。

A. 透视裁剪工具 　　　　　　　　　　　　 B. 矩形选框工具

C. 通道 　　　　　　　　　　　　　　　　 D. 色彩范围

3. 使用（   ）可以简化在图像中选择单个对象、多个对象或对象的某些部分（人物、汽车、家具、宠物、衣服等）的过程。

A. 对象选择工具 　　　　　　　　　　　　 B. 套索工具

C. 钢笔工具 　　　　　　　　　　　　　　 D. 魔棒工具

4. （   ）不可以用钢笔工具绘制。

A. 封闭三角形 　　　　　　　　　　　　　 B. 连续曲线

C. 拱形 　　　　　　　　　　　　　　　　 D. 画笔图案

5. 所有的颜色信息都被分类存储在（   ）通道中。

A. 红、绿、蓝通道 　　　　　　　　　　　 B. Alpha 通道

C. 专色通道 　　　　　　　　　　　　　　 D. 灰色通道

二、多选题

1. 目前，Photoshop 支持的文件格式包括（   ）。

A. PSD 　　　　　　 B. BMP 　　　　　　 C. PDF 　　　　　　 D. JPEG

2. 图层样式包括（   ）。

A. 斜面和浮雕 　　　 B. 描边 　　　　　　 C. 颜色叠加 　　　　 D. 外发光

3. 钢笔工具主要用来（   ）。

A. 绘制路径 　　　　　　　　　　　　　　 B. 绘制图形

C. 添加和删除锚点 　　　　　　　　　　　 D. 转换锚点类型

4. 图像的特点包括（   ）。

A. 色彩过渡细致 　　　　　　　　　　　　 B. 存储空间大

C. 传播记号 　　　　　　　　　　　　　　 D. 缩放受分辨率制约

5. 对如图 1-100 所示的图像进行抠图时，用（　　　）来进行抠图效果较好。

图 1-100　抠图示例

A. 钢笔工具   B. 套索工具

C. 对象选择工具   D. 通道

三、判断题

1. 工程 CAD 图属于位图。 （　　　）

2. 图层最大的作用是将需要编辑的对象进行分离，然后对单一对象进行修改、调整。

（　　　）

3. Alpha 通道是用来保存选区的通道，使用频率非常高。 （　　　）

4. 通道是基于颜色自动识别选择来创建选区的。 （　　　）

5. 淘宝商品主图要求宽度不能大于 5 000 像素，长度不能大于 5 000 像素。（　　　）

【综合实训】

一、实训目的

通过本单元的学习，相信大家已经掌握了不少 Photoshop 的基础功能和用法。此次综合实训将以具体的商品图片和背景图为素材，要求大家通过所学内容，完成图片的抠图、背景的更换以及文案的添加等操作，并使用 Photoshop 的基础工具完成各类效果的添加。

二、实训内容及要求

结合本单元所学内容，为表 1-7 所示的美妆商品更换背景，要求根据原商品图片的特点，使用不同的抠图方式完成抠图和背景的更换，并添加对应的商品文案，通过调整大小、添加阴影、调色、羽化、滤镜等方式，使新制作的图片和谐、美观。

图形图像基础综合
实训素材图

表 1-7　图形图像基础综合实训

主营商品	原商品图片	新背景图	新增加的文案
眼影			一盘多用完成 心动眼妆
口红			多色亚光 风格百变
粉底			长效持妆 捏脸蹭不掉 01#奶玉白 适合偏白肤色 或喜欢偏白 妆感的人群
睫毛膏			轻松打造 浓密卷翘

三、实训考核与评价

基于学生在本次综合实训中的表现及完成结果，对实训考核内容进行评分（表1-8），并完成学生自评和教师成果点评。

表1-8　实训考核与评分

考核项目	学生自评（30%）	教师评价（70%）
眼影抠图及背景的更换		
口红抠图及背景的更换		
粉底抠图及背景的更换		
睫毛膏抠图及背景的更换		
总计		

自我评价	教师点评

单元 2　图形图像编辑和美化

链接职场

　　某电子商务公司随着业务的拓展，最近迎来了一批新入职的员工，应届生赵亮就是其中一员。赵亮在公司担任的职务是视觉设计专员，他的日常工作主要是为商品图、店铺装修图、营销海报等图片进行编辑与美化，为运营与营销部门提供符合品牌定位与客户需求的优化资料。赵亮在校期间对图形图像处理的内容有所涉猎，但仅凭此还不足以胜任此份工作。因此，在上岗之前，赵亮需要先对图形图像的编辑和美化进行深入学习，熟悉使用 Photoshop 编辑和美化图形图像的工作流程。

学习目标

※知识目标

1. 理解滤镜与蒙版的原理。

2. 了解色彩基础理论。

3. 熟悉 Photoshop 常用滤镜。

4. 熟悉 Photoshop 不同工具应用的场景。

※能力目标

1. 能够使用 Photoshop 对图像细节进行修饰。

2. 能够熟练使用 Photoshop 进行图像的色彩调整。

3. 能够熟练使用 Photoshop 合成图像。

4. 能够使用 Photoshop 的滤镜工具进行各类光效和特效的制作。

※素养目标

1. 具备钻研与探索精神，在图像特效制作中发挥想象力，增强创新创作意识。

2. 具备法律意识，合法合规运用图像处理工具，遵守行业规则。

3. 具备基础审美能力，提高美学与人文艺术素养。

4. 具备规范精神，能够认真、合规地处理工作中的图形图像，形成良好的职业道德价值观。

课前自学

扫描下方二维码获取本单元教学课件，完成单元任务预习。

Photoshop 图像修饰技巧应用　　Photoshop 图像调色技巧应用　　图像合成与特效制作技巧应用

思维导图

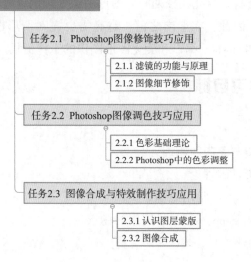

单元2 图形图像编辑和美化

任务2.1 Photoshop图像修饰技巧应用
　2.1.1 滤镜的功能与原理
　2.1.2 图像细节修饰

任务2.2 Photoshop图像调色技巧应用
　2.2.1 色彩基础理论
　2.2.2 Photoshop中的色彩调整

任务2.3 图像合成与特效制作技巧应用
　2.3.1 认识图层蒙版
　2.3.2 图像合成

任务 2.1　Photoshop 图像修饰技巧应用

任务分析

赵亮认识到，要进行商品图与营销海报设计，往往需要先对拍摄的原图进行修饰处理。通过对已学知识的回忆，他确定要从滤镜工具、图像修饰方法和图层特效制作几方面进行深入学习。为了解相关知识，赵亮需要先明确以下几个问题。

1. Photoshop 中有哪些滤镜工具？这些工具分别有什么作用？
2. 图像细节的修饰包括哪些内容？
3. 使用 Photoshop 的图层特效可以实现哪些效果？

任务目标

1. 了解滤镜的功能、原理，以及点、线、面的视觉特点。
2. 掌握图像细节修饰方法与技巧。
3. 能够运用 Photoshop 中的常用滤镜进行简单的图层特效制作。
4. 具备创新意识，在图层特效制作上充分发挥想象力，提高主动创作能力。
5. 具备法律意识，增强图形处理中的合规意识，恪守职业道德底线。

知识储备

赵亮准备运用 Photoshop 对图片进行修饰，首先需要了解 Photoshop 提供的滤镜工具，以及细节修饰工具，然后研究公司技术资料和网络技术资料，学习 Photoshop 图像细节修饰和图层特效制作的方法。

> ? 微课视频
>
> 　　扫描下方二维码，进入与本任务相关的微课堂，进一步学习图像视觉修饰的相关知识。
>
>
>
> **Photoshop 的视觉修饰**

2.1.1　滤镜的功能与原理

滤镜技术最早应用于电视影视行业，工作人员用滤镜对影视作品进行后期调色，以达到导演对画面的要求。如今，无论是商业摄影还是个人影像记录，图片或视频的后期编辑都离不开滤镜，我们在社交媒体与电子商务网站中看到的照片、视频，往往都是经过滤镜修饰后的效果。

> **⊘ 想一想**
>
> 滤镜应用早已深入人们生活的方方面面，那么图形图像处理中的滤镜能实现怎样的效果？它的工作原理又是怎样的呢？
>
>
>
> 想一想参考答案

2.1.1.1 Photoshop 中的滤镜

Photoshop 支持设计者利用滤镜来快速制作指定的效果。例如，在 Photoshop 中，设计者可以使用模糊工具对特定轨迹的图像进行模糊处理，但如果要对整幅图像均匀地进行模糊处理，则需要使用带有模糊功能的滤镜，如高斯模糊滤镜，这个滤镜可以使图像均匀地被模糊，如图 2-1 所示。需要注意的是，模糊功能并不是这个滤镜产生的，它只是调用了 Photoshop 的内部功能。

图 2-1　高斯模糊滤镜

滤镜功能也可以利用外部插件实现。所谓插件（Plug-ins），就是针对软件的某项功能的扩展工具。插件存在与否并不会影响软件本身的运行，滤镜的有无也不会影响 Photoshop 基础功能的使用。Photoshop 中的滤镜插件如图 2-2 所示。

在 Photoshop 中，滤镜分类放置在"滤镜"菜单中，使用时只需要执行菜单中的相应命令即可。滤镜往往需要与通道、图层等配合使用，这样才能取得最佳艺术效果。设计者要熟练使用滤镜，不仅需要具备较好的美术功底，还需要熟悉各类滤镜的特性和操控技巧，甚至需要具有很丰富的想象力，这样才能最终得到预期的图像处理效果。

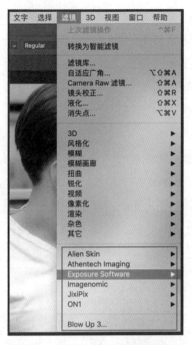

图 2-2　**Photoshop** 中的滤镜插件

2.1.1.2　滤镜的原理

滤镜原本是一种相机上使用的器材，如图 2-3 所示。为了丰富照片的图像效果，摄影师们在相机镜头前加上各种特殊镜片，这样拍出来的照片就包含了所加镜片的特殊效果，这样的镜片被称为"滤色镜"，也就是现在使用的"滤镜"的前身。

图 2-3　相机滤镜

特殊镜片的思想在计算机图像处理技术中衍生出了"滤镜"。滤镜也被称为"滤波器"，它通过一定的程序算法，对图像中的颜色、明度、饱和度、对比度、色调、分布、排列等属性进行计算和变换处理。后来，以 Photoshop 为代表的一些图像处理软件提供了一些特定的预设工具，用来实现相机滤镜的效果，这些工具也就自然而然地被称作"滤镜"。

Photoshop 中的滤镜是一种插件模块，能够操纵图像中的像素，通过改变像素的位置或颜色来生成各种特殊效果。软件中的滤镜可以模拟大部分的镜头滤镜效果，如色温变换滤镜和强调滤镜等，但由于无法再现拍摄环境，所以软件中的滤镜无法复原照片中未包含的信息，也难以实现偏光镜和紫外线滤色镜等镜头滤镜的效果。

> **? 小词典**
>
> 偏光镜是根据光的偏振原理制作的镜片，用于排除和过滤光束中的直射光，使光线从右透射轴上入眼，形成视觉图像，效果清晰、自然。
>
> 紫外线滤色镜的主要作用是吸收人眼看不到的紫外线和少量蓝紫色光，减少雾霾，提高远距离景物的清晰度。

2.1.1.3　Photoshop 中的常用滤镜

Photoshop 内置滤镜一般可以分为两类：一类是用于创建图像特效的滤镜，数量相对较多，如风格化、素描、纹理、像素化、渲染、艺术效果等滤镜组中的滤镜；另一类是用于编辑图像的滤镜，如减少杂色、提高清晰度等，它们被放置在模糊、锐化、杂色等滤镜组中。下面介绍 Photoshop 中常用的 8 组内置滤镜。

（1）艺术效果滤镜组

艺术效果滤镜组就像一位熟悉各种绘画风格和绘画技巧的艺术大师，用它可以使一幅平淡的图像变成大师的力作，且绘画形式不拘一格。它能产生油画、水彩画、铅笔画、粉笔画、水粉画等各种不同的艺术效果。艺术效果滤镜组中包括壁画、彩色铅笔、粗糙蜡笔、底纹效果、调色刀、干画笔、海报边缘、海绵、绘画涂抹、胶片颗粒、木刻、霓虹灯光、水彩、塑料包装、涂抹棒等滤镜，如图 2-4 所示。

图 2-4　艺术效果滤镜组

（2）模糊滤镜组

模糊滤镜组主要用来不同程度地减少相邻像素间颜色的差异，使图像产生柔和、模糊的效果。模糊滤镜组中包括表面模糊、动感模糊、方框模糊、高斯模糊、进一步模糊、径向模糊、镜头模糊、模糊、平均、特殊模糊、形状模糊等滤镜，如图 2-5 所示。

图 2-5　模糊滤镜组

（3）画笔描边滤镜组

画笔描边滤镜组主要通过模拟不同的画笔或油墨笔刷来勾绘图像，产生绘画效果。画笔描边滤镜组中包括成角的线条、墨水轮廓、喷溅、喷色描边、强化的边缘、深色线条、烟灰墨、阴影线等滤镜，如图 2-6 所示。

图 2-6　画笔描边滤镜组

（4）扭曲滤镜组

扭曲滤镜组用于对图像进行几何变形，创建三维或其他变形效果。这些滤镜在运行时一般会占用较多的内存空间。扭曲滤镜组中包括波浪、波纹、极坐标、挤压、切变、球面化、水波、旋转扭曲、置换等滤镜，如图 2-7 所示。

图 2-7　扭曲滤镜组

（5）杂色滤镜组

杂色滤镜组用于给图像添加一些随机产生的干扰颗粒，也就是杂色点（又称"噪声"），也用于淡化图像中某些干扰颗粒的影响。杂色滤镜组中包括减少杂色、蒙尘与划痕、去斑、添加杂色、中间值等滤镜，如图 2-8 所示。

图 2-8　杂色滤镜组

（6）渲染滤镜组

渲染滤镜组主要用于不同程度地使图像产生三维造型或光线照射效果，或者给图像添加特殊的光线，如云彩、镜头折光等。渲染滤镜组中包括火焰、图片框、树、分层云彩、光照效果、镜头光晕、纤维、云彩等滤镜，如图2-9所示。

图 2-9　渲染滤镜组

（7）锐化滤镜组

锐化滤镜组主要通过增强相邻像素间的对比度，使图像具有明显的轮廓，并且变得更加清晰，这类滤镜的效果与模糊滤镜组的效果正好相反。锐化滤镜组中包括 USM 锐化、防抖、进一步锐化、锐化、锐化边缘、智能锐化等滤镜，如图2-10所示。

图 2-10　锐化滤镜组

（8）风格化滤镜组

风格化滤镜组通过置换像素并且查找和提高图像中的对比度，产生一种绘画式或印象派艺术效果。风格化滤镜组中包括查找边缘、等高线、风、浮雕效果、扩散、拼贴、曝光过度、凸出、油画等滤镜，如图2-11所示。

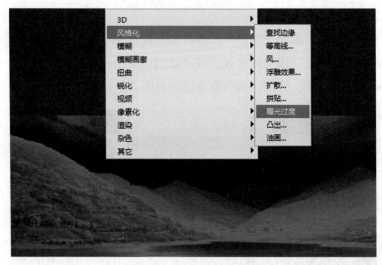

图 2-11　风格化滤镜组

2.1.1.4　点、线、面的视觉特点

视觉形象是指能引起人的思想或感情活动的具体形状或姿态，设计者使用形象作为激发人们思想感情、传递信息的一种视觉语言，它是一切视觉艺术中不可缺少的组成部分。人们在长期的艺术实践和认识过程中发现，构成视觉形象的造型元素包括点、线、面。

要熟练应用 Photoshop 中的滤镜，需要设计者具备各种综合能力。要想使用滤镜对图像进行修饰处理，必须懂得点、线、面的视觉特点，掌握构成视觉形象的造型元素。

（1）点

点是相对较小而集中的立体形态，它标志着空间中的位置，它没有长度、宽度和深度，因此是静态、无方向性和中心化的。点的大小与视觉方位感受需要在相对于其背景条件及其他要素的对比下来确定。不同的点的排列方式，可以产生不同的力量感和空间感。

1）点的形态特征。

点包括规则的点和不规则的点，其形态上具有大小与形状不固定的特征。任何形态都可以表现成点，可以是几何形，也可以是任意形。常见点的形态有以下几种形式。

①体积小的、分散的对象，或者远距离的、大空间对比下的对象，如繁星、地图上的城市。

②处于画面中线、面交叉位置上的对象，如线的交点、面的交点。

③文字或图形符号的一种样式，如逗号、音符。

④短小且有力的笔触和痕迹等。

2）点的视觉表现力。

①空间中的单点可以产生视觉集中的效果，如图 2-12 所示。

②点的有序排列，可以产生连续和间断的节奏和线形扩散的效果。点与点之间的距离会产生积聚和分离的效果。

图 2-12　空间中的单点产生的视觉集中效果

　　③由大到小排列的点，可以产生由强到弱的运动感，同时产生空间的深远感，能加强空间的变化，起到扩大空间的作用。

　　④点的构成产生的效果：形成虚线（线化）；形成虚面（面化）；形成韵律感；形成空间感；形成方向感。点的构成产生的视觉特征如图 2-13 所示。

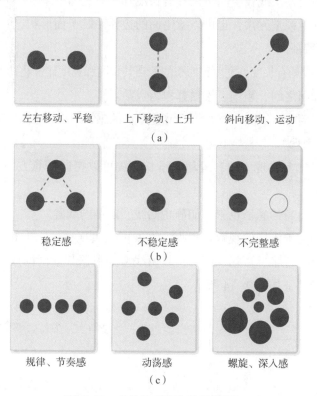

左右移动、平稳　　　　上下移动、上升　　　　斜向移动、运动

（a）

稳定感　　　　　　　不稳定感　　　　　　　不完整感

（b）

规律、节奏感　　　　　动荡感　　　　　　螺旋、深入感

（c）

图 2-13　点的构成产生的视觉特征

（a）两个点的心理连线作用；（b）三个点的心理连线作用；（c）多个点的心理连线作用

3）点在平面设计中的作用。

点是平面设计中最活跃也最不可或缺的元素，简洁有力的点使设计作品具有概括性。点在平面设计中的作用主要包含以下几点。

①视觉焦点和引导作用。点可以吸引观众的眼球并引导他们的视线，帮助他们确定设计中的重点和焦点区域。它可以表示开始、结束或切换内容，起到提示和强调的作用。

②结构和组织作用。点可以划分空间、界定边界和建立结构。通过点的排列、连接和分布，可以创造出平衡、对称或不规则的组织形式，使设计更加有序和统一。

③表达情感和意义。点可以通过其位置、颜色和形状来传递特定的情感和意义。不同的点的组合方式可以表达出不同的情绪、主题和概念，使设计作品与观众产生情感上的共鸣。

④影响设计的节奏和动态。点的大小、形状和密度可以影响设计的节奏和动态感。通过变化点的属性，可以营造出快速、慢速、紧凑或松散的节奏效果，增加设计的生动性和活力。

⑤形成特殊的表现效果。点可以成为独立的设计语言，在设计中形成特殊的表现效果。利用材料、肌理、立体等手法形成特殊形式的点，可以为设计添加独特的艺术感和创意性。

（2）线

线是点移动的轨迹。线在空间里是具有长度和位置的细长物体，可以用来连接、支撑、包围或切断其他视觉元素，也可以描绘面的边界，赋予面形状。

1）线的形态特征。

①在构成中，线是有长度、宽度和面积的，当其长度和宽度比例达到极限时就形成了线。

②线介于点和面之间，粗细、松紧都极为灵活。

③线可以分为直线和曲线。它们会使人产生不同的感觉，并对整体造型形成较大的影响。

2）线的视觉表现力。

①线能够在视觉上表现方向、运动和增长，线可以指向任意方向，可以是几何形，也可以是非几何形。

②每种线都有自身的感情色彩，如静止的线、运动的线等。

③不同的线型有着不同的视觉表现力：直线可以表现秩序、平和、单纯、坚硬；曲线能使人感到随意、优雅、流畅、圆滑；自由线型则根据其不同的成型轨迹反映出不同的特征。线的视觉特征如图2-14所示。

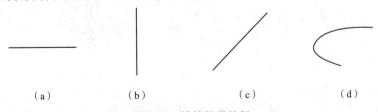

（a）　　　　　　（b）　　　　　　（c）　　　　　　（d）

图2-14　线的视觉特征

（a）横线——稳定感；（b）竖线——垂直感；（c）斜线——冲击感；（a）曲线——柔美感；

3）线在平面设计中的作用。

线在平面设计中扮演着多重角色，具有以下几个重要的作用。

①表现形体和轮廓。线能够决定形的方向，能够将轻浅的物象浓重地表现出来。它可以成为形体的骨架，形成结构体的本身，并将形体从外界分割出来。

②连接和分割元素。线在平面设计中起着连接和分割元素的作用。通过使用直线，可以将空间进行划分，形成一种秩序感，使栏目更加清晰，降低阅读疲劳。此外，线可用于分割主、副标题，使不同的组成部分在视觉上更容易被区分，避免混乱。

③整理版面和提供秩序感。线可以在版面上整理元素，为设计提供秩序感。通过运用线条，设计者可以将不同的内容模块、图像或文本进行组织和布局，使整个设计更加统一、有序。

（3）面

面是线移动轨迹的结果。面具有位置、长度和宽度，没有厚度，是相对薄的形体。面在平面的形态中所占的空间以及它本身可能出现的大小、形态、分布状况，决定了它在形态设计中具有举足轻重的地位。

面的形态特征分为几何形态的面与自然形态的面两类。

1）几何形态的面，如方形、矩形、三角形、圆形，具有冷静、简明、有秩序等特征，多用于建筑设计、器物造型等。几何形态的面按照边缘形态，可以分为直线形的面和曲线形的面两种。

①直线形的面。直线形的面具有直线所表现的心理特征，如正方形能强调垂直线与水平线的效果，它能呈现出一种安定的秩序感。直线形的面的视觉特征如图2-15所示。

图2-15　直线形的面的视觉特征

②曲线形的面。曲线形的面比直线形的面更柔软，特别是圆形，能表现几何曲线的特征。圆形过于规整，显得比较呆板、缺少变化；而扁圆形则呈现有变化的几何曲线形，能使人产生一种自由、整齐的感觉。

2）自然形态的面，如鹅卵石、树叶（有机形）、墨迹（偶然形）、随机形（不规则形），具有强烈的个性情感，自然而生动。自然形态的面按照边缘形态，可以分为自由曲线形和随机形两种。

①自由曲线形。这种面为不具有几何秩序的曲线形，它是女性特征的典型代表，能使人产生优雅、柔软和温暖的感觉。

②随机形。这种面是随机产生的形状，如用手撕开纸张所产生的形状，具有偶然性，有一种朴素而自然的美感。

3）面在平面设计中的作用。

面在平面设计中的作用主要体现在以下两个方面。

①连接和整合元素。面能够将画面中散乱的元素联系起来，形成一个视觉单元。通过在分散的文字或图标上添加一个色块，可以使这些元素连成一个整体，使整个版面非常集中、规整、有序。面的运用帮助设计者将各个元素组织起来，提供视觉上的统一性和连贯性。

②强调形状和传达意义。面能够强调形状，并通过不同的形状传递特定的含义。不同的形状往往与设计者要表达的内涵有强烈的联系。例如，三角形代表动感和有力，可用于传递激扬、向上的意图；而圆形则代表平静和温和，可用于传递静谧的环境感受。

拓展阅读

图底关系

一个图形有两个面，一个是"图"，另一个是"底"。所谓"图"，是指图形本身，而陪衬着图形的其他部分，就成了"底"。"图"与"底"之间的这种互补互存的关系，使它们构成了守恒空间。

在造型行为中，人们往往只关注"图"，而忽视"底"，尤其是在对"底"的不同形态、空间、面积的整体协调方面，如何把握这些关系对全局起着决定性的影响。

2.1.2 图像细节修饰

2.1.2.1 图像修饰工具

Photoshop 在图像的修饰方面提供了很多便于用户使用的基础工具，利用这些工具，即可对图像进行细节修饰与处理。

启动 Photoshop 时，工具箱将显示在工作界面左侧。工具箱中的某些工具会在工具选项栏中提供一些选项。工具右下角的小三角形表示这是一个工具组，存在隐藏工具，可以展开工具组以查看隐藏工具。将鼠标指针放在工具上，可以查看有关该工具的信息。单击工具箱中的"编辑工具栏"按钮▦打开"自定义工具栏"对话框，用户在此可根据需要设置常用的工具，如图 2-16 所示。

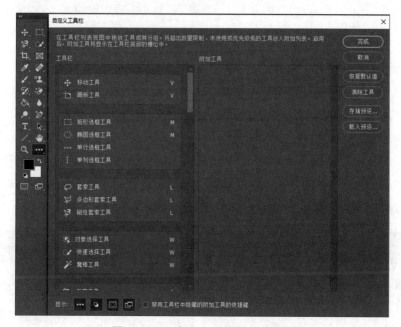

图 2-16　"自定义工具栏"对话框

（1）污点修复画笔工具

顾名思义，污点修复画笔工具经常被用来修复图片中小面积的杂色及污点。其工作原理是根据采样区域（此工具自动采样，无须人为选取）的颜色信息加权计算后，来填充污点处的像素块，画笔大小会影响最后修复的结果。

使用方法：将画笔大小调至鼠标指针恰好能覆盖污点的程度，单击污点区域即可，如图 2-17 所示。

 注意

污点修复画笔工具是一种会破坏原始像素点信息的修复工具。

图 2-17　污点修复画笔工具

（2）修复画笔工具

修复画笔工具可用于校正瑕疵，使它们消失在周围的图像中。其工作原理是将样本像素的纹理、光照、透明度和阴影与源像素进行匹配，从而使修复后的像素不留痕迹地融入图像的其他部分。此工具是用选定源位置的像素来覆盖画笔划过处的像素，是一种破坏性操作。

使用方法：按住【Alt】键并单击确定源位置（这里默认的源为"取样"，根据需求，也可将源定义为"图案"，将一些图案纹理融入修复区域），按住鼠标左键，在需要修复的地方拖动则可完成修复操作，如图 2-18 所示。

（a）　　　　　　　　　　　　（b）

图 2-18　修复画笔工具

（a）确定源位置；（b）完成修复

⬜ 注意

如果要除去图片中的部分内容，需要在修复位置的周边相似纹理的位置指定源，并且将画笔调成柔角画笔，以便形成自然的过渡效果。

（3）修补工具

修补工具和修复画笔工具很像，也是用其他地方的像素替代修复位置的像素。二者的不同之处在于，修补工具的操作顺序是先将需要修补的区域选出来（可以配合元素工具或直接用修补工具框选），然后将元素内的像素拖动至源位置，如图2-19所示。

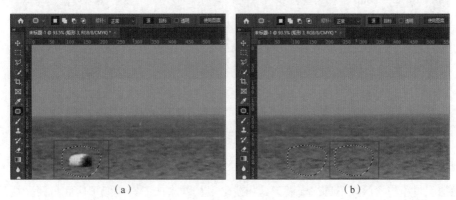

图 2-19　修补工具

（a）确定需要修补的区域；（b）完成修补

这里也可以先把源像素框选出来，然后覆盖在要修补的地方，只需要切换"源"为"目标"即可，如图2-20所示。

图 2-20　"源"和"目标"的切换

（4）仿制图章工具

仿制图章工具和修复画笔工具也很相似，在使用时也需要先定义仿制源，然后在需要修复的地方进行涂抹。不过修复画笔工具在替换像素的时候会保留原始像素的明度，用修复画笔工具制作出来的效果在某种程度上会比用仿制图章工具制作的更能与周围环境融合。

使用方法：将鼠标指针移动到想要取样的图像上，按住【Alt】键并单击，这样取样源就是复制图像的位置，然后在需要修复的地方涂抹即可。如图2-21（a）所示。

（5）内容感知工具

内容感知工具是将所选像素从一个位置移动到另一个位置，原来的位置会自动进行内容识别填充，如图2-21（b）所示。

图 2-21 仿制图章工具与内容感知工具

(a) 仿制图章工具；(b) 内容感知工具

（6）涂抹工具组

涂抹工具组包含涂抹工具、模糊工具和锐化工具。涂抹工具类似于后面将要介绍的液化滤镜，顾名思义，它就像把像素给液体化处理了。运用此工具并配合鼠标拖动，可以对已有像素进行位置上的移动和形状大小上的延伸。强度是涂抹工具一个很重要的属性，强度越大，像素被处理得越"软"，越容易被拖动；反之则越不容易被拖动，如图 2-22 所示。

图 2-22 涂抹工具

(a) 涂抹前；(b) 涂抹后

模糊工具也可以称为柔化工具，是通过柔化突出色彩，使比较锐利的边缘模糊化，颜色过渡平缓，产生一种模糊图像的效果，如图 2-23（a）所示。锐化工具与模糊工具的作用正好相反，它能使图像色彩锐化，从而变得清晰，如图 2-23（b）所示。它们的使用方法相同，选择工具后，按住鼠标左键，在需要修改的地方涂抹即可。

（7）加深工具与减淡工具

加深或减淡主要改变的是颜色三要素中的明度，色相几乎不动。加深一般是饱和度

（a）　　　　　　　　　　　　（b）

图 2-23　模糊工具与锐化工具

（a）模糊工具；（b）锐化工具

增加，明度降低；减淡一般是饱和度减少，明度升高。

加深或减淡工具都有一个属性被称作"范围"，"范围"下有 3 个值："阴影""中间调""高光"，分别对应图片中暗的部分、灰色部分、亮的部分，如图 2-24 所示。当设计者选中了范围后，在涂抹过程中所对应区域的色彩变化会强烈，然后依次衰减。

曝光度决定了每次涂抹的改变幅度大小，曝光值越大，每次涂抹的改变量越大；曝光值越小，每次涂抹的改变量越小。关于色彩的更多知识，将在任务 2.2 中深入介绍。

（8）海绵工具

海绵工具主要用来提高或降低饱和度，其一个很重要的属性是"模式"，"模式"有两个值："加色"和"去色"。"加色"主要是增加饱和度，提高明度；"去色"主要是减少饱和度，降低明度，如图 2-25 所示。

图 2-24　加深工具与减淡工具　　　图 2-25　海绵工具的"加色"和"去色"

2.1.2.2　液化与图像变形

液化滤镜比涂抹工具的功能更全面，可用于推、拉、旋转、反射、折叠和膨胀图像的任意区域，所创建的扭曲可以是细微的或剧烈的。液化滤镜是修饰图像和创造艺术效果的强大工具，能帮助设计者对常规的图像进行变形，取得超现实艺术创作的效果，如图 2-26 所示。

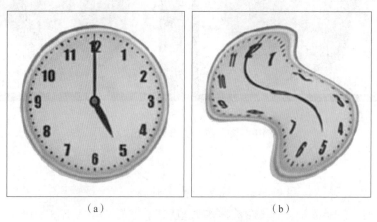

（a）　　　　　　　　　　　（b）

图 2-26　使用液化滤镜制作流态时钟

（a）常规图像；（b）变形图像

Photoshop 中的"液化"对话框中提供了液化滤镜的工具、选项和图像预览。执行"滤镜"→"液化"命令，可打开该对话框，如图 2-27 所示。

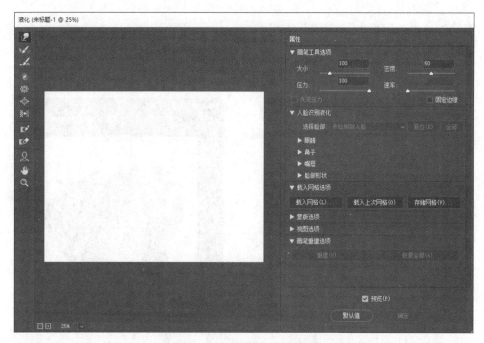

图 2-27　"液化"对话框

　　"液化"对话框的"属性"选项组下有很多选项，包括"画笔工具选项""人脸识别液化""载入网格选项""蒙版选项""视图选项""画笔重建选项"等，下面重点介绍"人脸识别液化"以及左侧工具栏中的一些常用液化辅助工具。

　　（1）人脸识别液化

　　液化滤镜具备高级人脸识别功能，可自动识别人的眼睛、鼻子、嘴唇和其他面部特征，让设计者轻松对其进行调整。使用"人脸识别液化"能够有效地修饰肖像照片，快速制作漫画等。

　　1）使用屏幕手柄调整面部特征。

　　步骤1：在 Photoshop 中打开具有一个或多个人脸的图像。

　　步骤2：执行"滤镜"→"液化"命令，打开"液化"对话框。

　　步骤3：按【A】键选择脸部工具，系统将自动识别照片中的人脸，如图2-28所示。

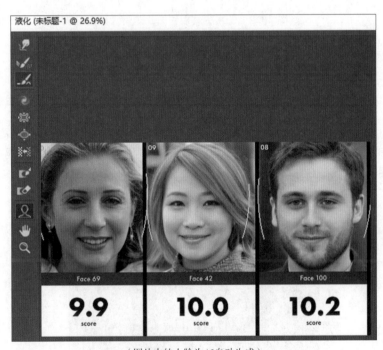

（图片中的人脸为AI自动生成）

图2-28　自动识别照片中的人脸

来源 https://stability.ai/

　　将鼠标指针悬停在脸部时，Photoshop 会在脸部周围显示直观的屏幕控件。调整控件可对脸部做出调整。例如，拖动锚点可以放大眼睛或缩小脸部宽度，如图2-29所示。如果对修改结果感到满意，可单击"确定"按钮完成操作。

　　2）使用滑动控件调整面部特征。

　　步骤1：在 Photoshop 中打开具有一个或多个人脸的图像。

（图片中的人脸为AI自动生成）

图 2-29　使用屏幕控件调整眼睛大小

来源 https://stability.ai/

步骤2：执行"滤镜"→"液化"命令，打开"液化"对话框。

步骤3：按【A】键选择脸部工具，照片中的人脸会被自动识别，并且其中一个人脸会被选中。被识别的人脸会在"属性"选项组"人脸识别液化"选项下的"选择脸部"下拉列表中列出。设计者可以在画布上单击选择脸部，或者从"选择脸部"下拉列表中选择脸部，如图 2-30 所示。

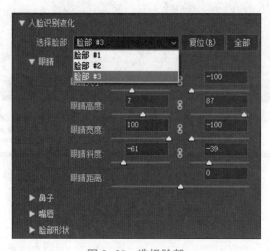

图 2-30　选择脸部

步骤4：调整"人脸识别液化"选项下的滑块，对照预览图进行面部特征调整，可更改眼睛、鼻子、嘴唇和脸部形状，更改完成后，单击"确定"按钮，得到的效果如图 2-31 所示。

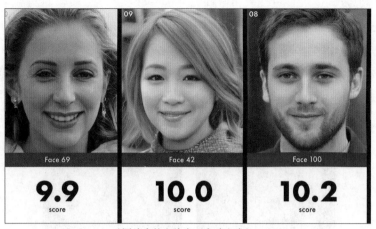

（图片中的人脸为AI自动生成）

图 2-31　脸部修改效果

来源 https://stability.ai/

![注意图标] **注意**

①进行眼睛设置时，单击"链接"按钮 ，可以同时锁定左、右眼的设置。此选项有助于让眼睛对称。

②"人脸识别液化"最适合处理人物正面。为获得理想的效果，设计者需要在应用设置之前旋转倾斜的脸部。

③"重建"和"恢复全部"选项不适用于通过"人脸识别液化"进行的更改。在"人脸识别液化"选项下分别单击"复位"或"全部"按钮，可以对应用于某个选定面部位置的更改，或者所有面部的更改复位。

（2）扭曲工具

"液化"对话框左侧有几个工具，使用它们可以扭曲画笔区域。扭曲集中在画笔区域的中心，其效果随着重复拖动而增强。

1）向前变形工具：在拖动时向前推像素。

2）重建工具：按住鼠标左键并拖动，可反转已添加的扭曲。

3）顺时针旋转扭曲工具：按住鼠标左键并拖动，可顺时针旋转像素；若要逆时针旋转像素，需要在按住鼠标左键并拖动的同时按住【Alt】键。

4）褶皱工具：按住鼠标左键并拖动，可使像素朝着画笔区域的中心移动。

5）膨胀工具：按住鼠标左键或拖动，可使像素朝着离开画笔区域中心的方向移动。

6）左推工具：按住鼠标左键并垂直向上拖动，像素向左移动，向下拖动，像素向右移动；围绕对象顺时针拖动可使其增大，逆时针拖动可使其减小。

2.1.2.3　去污去杂处理

去污去杂处理要使用污点修复画笔、修复画笔等工具的基本功能。

(1) 使用修复画笔工具进行去污修饰

修复画笔工具可用于校正瑕疵，使其避免出现在周围的图像中。与仿制工具一样，修复画笔工具可以利用图像或图案中的样本像素来绘画。除此之外，修复画笔工具还可将样本像素的纹理、光照、透明度和阴影与所修复的像素进行匹配，使修复后的像素不留痕迹地融入图像的其他部分，如图 2-32 所示。使用修复画笔工具进行去污修饰的操作如下。

（a） （b）

图 2-32　使用修复画笔工具的工具去污修饰

（a）示意一；（b）示意二

来源 www.adobe.com

步骤 1：选中待修复图像的图层后，选择修复画笔工具。

步骤 2：单击工具选项栏中的画笔样本，在弹出的面板中设置"画笔"选项，如图 2-33 所示。

图 2-33　修复画笔工具的工具选项栏

步骤 3：将鼠标指针定位在图像区域的上方，按住【Alt】键单击以设置取样点。

注意

如果要从一幅图像中取样并应用到另一幅图像，这两幅图像的颜色模式必须相同，除非其中一幅图像处于灰度模式。

步骤 4：在"仿制源"面板中单击"仿制源"按钮，并设置其他取样点，最多可以设置 5 个不同的取样点，"仿制源"面板将记住样本源，直到关闭所编辑的图像为止。

在"仿制源"面板中单击"仿制源"按钮以选择所需的样本源，在"仿制源"面板中执行以下任一操作。

1）要缩放或旋转所仿制的源，输入宽度或高度的值，或者输入旋转角度。

2）要显示仿制的源的叠加，可以选择"显示叠加"并指定叠加选项。

步骤 5：在图像的目标区域中按住鼠标左键并拖动，每次释放鼠标时，取样的像素都会与现有像素混合。

(2) 减少图像杂色和 JPEG 格式图像的不自然感

图像杂色显示为随机的无关像素，这些像素不是图像细节的一部分。如果在数码相机上用很高的 ISO（感光度）设置拍照、曝光不足或用较慢的快门速度在黑暗区域中拍照，可能会导致照片中出现杂色。扫描的图像也可能由于扫描传感器的质量问题，导致扫描结果出现胶片的微粒图案。图像杂色可能会以下两种形式出现。

1）明亮度（灰度）杂色，这些杂色使图像看起来斑斑点点。

2）颜色杂色，这些杂色通常看起来像是图像中的彩色伪像。

小词典

"伪像"本来是超声影像学中的术语，指由超声波本身的物理特性等多种因素造成的非人体本身的图像。在摄影与图像中，伪像被借以表示不应出现在照片中的要素。伪像既包括镜头光学系统方面产生的畸变、暗角、渐晕、色散、炫光、耀斑等，又包括传感器及电路系统产生的彩噪热噪、色彩断阶、摩尔纹、图像混叠等，还包括图像处理算法方面出现的各种问题，例如锐化产生的黑边、振铃效应导致的图像还原失真等。

下面利用减少杂色滤镜来进行去杂修饰，具体操作如下。

步骤 1：选定待处理图像的图层，执行"滤镜"→"杂色"→"减少杂色"命令，打开"减少杂色"对话框。

步骤 2：放大预览图像，以便能够更清楚地查看图像杂色。

步骤 3：在"减少杂色"对话框中进行设置，如图 2-34 所示。

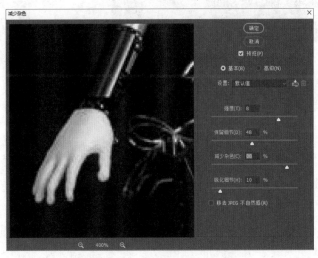

图 2-34　"减少杂色"对话框

1）强度：控制应用于所有图像通道的明亮度杂色减少量。

2）保留细节：保留边缘和图像细节（如头发或纹理对象）。如果其值为 100，则会保留大多数图像细节，但会将明亮度杂色减到最少。平衡设置"强度"和"保留细节"

的值，以便对"减少杂色"进行微调。

3）减少杂色：移去随机的颜色像素。其值越大，减少的颜色杂色越多。

4）锐化细节：对图像进行锐化。移去杂色将会降低图像的锐化程度，稍后可使用对话框中的锐化控件或其他锐化滤镜来恢复锐化程度。

5）移去 JPEG 不自然感：移去由于使用低 JPEG 品质设置存储图像而产生的图像伪像和光晕。

步骤4：如果明亮度杂色在一个或两个颜色通道中较明显，则需要选择"高级"单选按钮，然后从"通道"下拉列表中选取颜色通道，使用"强度"和"保留细节"来减少该通道中的杂色。

 练一练

参考任务内容，并结合所学知识，选择合适的工具和滤镜，对图 2-35 中的主体对象进行细节修饰。注意，需要实现液化与图像变形、去污去杂等细节修饰处理的效果。

图 2-35　细节修饰用图　　　　　　　细节修饰用图素材

📨 法制小课堂

"照骗"牺牲社会信任，背后没有赢家

刘某和新婚妻子走出机场，分别坐在了出租车的前后座位上，虽然刚结束蜜月旅行，但他们却开始"冷战"。事情的起因就是刘某看到的一篇来自某社交网站的网红景点推荐。从推荐的照片看，沙滩是粉红色的，海水是碧蓝色的，非常漂亮，但让刘某万万没 2-36 想到的是，现实的情况和照片上的完全不一样，沙滩是暗红色的，海水也不清澈。更关键的是，沙滩上都是游客扔下的垃圾和各种乱石堆。受到网红"照骗"影响乘兴而去败兴而回的游客不在少数，他们在网上将自己拍的现场照片和网红照片做对比。在微博上，关于"网图滤镜有多强"这一话题的热度居高不下。

実際上，随着互联网与现实的无缝对接程度的逐渐深入，人们在决定吃什么、玩什么、买什么之前都会上网查询，这也让商家与网红博主们看到了赚钱的机会。在他们的眼中，分享内容获得的流量会变成实实在在的购买力，至此各大平台变成了营销者的工具。修图、滤镜、造假等行为成为他们发布内容前的必备流程。在互联网经济专家李进看来，这其实是一种短视行为，"靠一时的'照骗'换来的流量终究会像流水一样流走，剩下的只有网友的不信任和抛弃，'照骗'之下没有赢家。"

根据相关法律规定，发布虚假产品内容者如果导致消费者产生健康、安全方面的损害，消费者可以向平台、信息发布者、产品生产者提出索赔，并主张其他权利。如果商家在产品推广中使用虚假信息，可能涉嫌违法，并面临相关部门的处罚。

在发布不实、造假的网红营销内容时，发布者所花费的无非是一些时间和少量的人力成本，而整个互联网甚至线下生态却要承担由此带来的负面影响，其中影响最大的一点就是信任的流失。"原本在互联网上，点赞数、好评度都是消费者根据客观感受和体验做出的，而在这些做虚假内容的网红营销者加入后，这些数据都不再具有参考价值，整个互联网评价的根基遭到了巨大的挑战，这不仅涉及商业伦理，更涉及人与人之间的信任。由此可见，合法合规进行商业图片的修饰与美化，是每位视觉设计人员应当具备的基本素养，恪守职业道德，维护网络长远发展。

（资料来源：杭州网）

任务实施

Photoshop 处理图像是在多图层上进行操作的，因此很多图像修饰可以借助图层的组合功能来完成。本任务即应用图像修饰，完成 3 种基本图层特效的制作。

（一）背景虚化

图像的虚化处理分为背景虚化、前景虚化、周围虚化、特殊位置及对象的虚化，可以直接在拍摄时进行虚化操作，也可以借助后期处理达到不同的虚化效果。当设计者想要突出画面中的主体对象时，需要给图片设置背景虚化。

Photoshop 中的背景虚化功能是借助套索工具和镜头模糊滤镜来实现的，操作简单，效果显著。下面以一款蜂蜜商品图为例，介绍背景虚化的操作。

课堂案例——蜂蜜商品图背景虚化

【案例教学目标】学习使用 Photoshop 图层工具对图像进行背景虚化。

【案例知识要点】使用模糊滤镜组中的相关滤镜对选区图像进行虚化，效果如图 2-36 所示。

图形图像编辑和美化 单元2

99

扫码查看素材和操作方法

蜂蜜商品图背景虚化素材　　Photoshop 图片特效制作

图 2-36　蜂蜜商品图背景虚化

（二）云雾效果

云雾效果是在背景图的基础上添加一层类似云雾的图层，是一种对图片的艺术处理。在 Photoshop 中制作云雾效果，可以为图像增添一份朦胧美，达到营造视觉艺术效果的目的。Photoshop 制作云雾效果的方法有滤镜法、溶解法和笔刷法等，这里以滤镜法为例讲解制作步骤。

课堂案例——制作茶叶海报图的云雾效果

【案例教学目标】学习使用 Photoshop 图层特效制作云雾效果。

【案例知识要点】使用渲染滤镜组中的云彩滤镜为图像添加云雾效果，效果如图 2-37 所示。

扫码查看素材和操作方法

制作茶叶海报图　　　　Photoshop
云雾效果的素材　　　　图片特效制作

图 2-37　制作茶叶海报图的云雾效果

（三）雨天效果

要在 Photoshop 中制作下雨或雨天效果，常用的方法有素材叠加法、画笔绘制法、综合滤镜法与第三方插件法等，无论使用哪种方法，都应考虑远、近、虚、实以及风速动感等问题。因此，在制作过程中，尽可能通过远、中、近景等多个图层的组合来展现真实感更强的下雨效果。

下面对上述制作下雨或雨天效果的 4 种方法进行介绍，其他类似的图片特效也可以应用类似的制作逻辑。当需要应用各种不同的图层特效时，都可以使用此类方法进行创作。

（1）素材叠加法

准备好与下雨相关的图片素材，将其置于原图片的上一图层。图层混合模式通常需要根据素材做出相应修改：黑底素材可使用"滤色"模式；白底素材可使用"正片叠底"模式；透明素材可使用"正常"模式。根据需要修饰图像的特点，也可以尝试使用"叠加""线性光"等混合模式。使用素材叠加法制作雨天效果如图 2-38 所示。

（a）　　　　　　　　　　（b）

图 2-38　使用素材叠加法制作雨天效果

（a）制作前；（b）制作后

（2）画笔绘制法

画笔绘制法可分为自定义笔刷绘制和使用第三方笔刷绘制两种方式。使用第三方笔刷绘制只需在网上下载合适的第三方特效画笔，如图 2-39 所示，用该笔刷直接在新建图层中进行绘制即可。

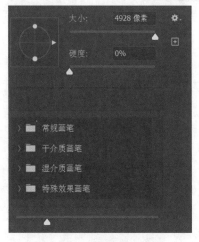

图 2-39　第三方特效画笔

📑 **课堂案例——制作茶叶海报图的雨滴效果**

【案例教学目标】学习使用 Photoshop 图层特效制作雨滴效果。

【案例知识要点】使用图层中的自定义笔刷为图像添加雨滴效果，如图 2-40 所示。

扫码查看素材和操作方法

制作茶叶海报　　Photoshop 图片

图雨滴效果的素材　　特效制作

图 2-40　制作茶叶海报图的雨滴效果

（3）综合滤镜法

📑 **课堂案例——制作茶园海报图的雨滴效果**

【案例教学目标】学习使用 Photoshop 图层特效制作雨滴效果。

【案例知识要点】使用图层中的综合滤镜功能为图像添加雨滴效果，如图 2-41 所示。

扫码查看素材和操作方法

制作茶园海报图雨滴　　Photoshop 图片

效果的素材　　特效制作

图 2-41　制作茶园海报图的雨滴效果

（4）第三方插件法

网上可以找到很多第三方的下雨效果插件，也可以找到一些下雨效果滤镜，如 AKVIS NatureArt 等，还可以找到一些扩展工具（如 BBTools RainFX 等），如图 2-42 所示。通过它们，可以简单、快速地生成雨天效果。

以上就是 3 种基本图层特效的制作方法。各种场景的图片有不同的制作需求，利用 Photoshop，还可以制作出投影效果、绘画效果、边缘发光、碎片海报、电视线效果等不同的特效。

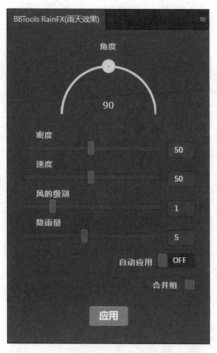

图 2-42　BBTools RainFX 扩展工具

📑 **课堂讨论——Photoshop 可以实现哪些特效**

要求学生以小组为单位，基于知识储备中的介绍，依照以下操作步骤，探讨 Photoshop 中图层特效制作的基本逻辑，深入理解 Photoshop 图像编辑的原理。

操作步骤如下。

步骤 1：利用互联网搜索各类 Photoshop 制作的特效图，将这些特效图对应的基本制作方法进行提炼，并记录到表 2-1 中。

表 2-1　Photoshop 图像特效 1

图像特效	基本制作方法

步骤 2：根据表 2-1 所得的图像特效，按照基本制作方法进行归类整理，并分析其特效制作逻辑，然后探讨这样的制作方法还能创作出哪些新特效，将讨论结果填入表 2-2。

表 2-2　Photoshop 图像特效 2

特效制作逻辑	包含的图像特效	可实现的新特效

任务评价

基于学生在本任务中学习、探究、训练的课堂表现及完成结果，参照表 2-3 的考核内容进行评分，每条考核内容分值为 10 分，学生总得分 = 30% 学生自评得分 + 70% 教师评价得分。

表 2-3　考核内容及评分

类别	考核项目	考核内容及要求	学生自评（30%）	教师评价（70%）
技术考评	质量	了解并简述滤镜的功能和原理		
		熟悉并总结出点、线、面的视觉特点		
		能够运用 Photoshop 常用滤镜进行简单的图层特效制作		
		具备创新意识，在图像特效制作上充分发挥想象力，体现出主动创作能力		
		在图形图像处理中具备合规操作意识，恪守职业道德底线		
非技术考评	态度	学习态度认真、细致、严谨，讨论积极，踊跃发言		
	纪律	遵守纪律，无无故缺勤、迟到、早退现象		
	协作	小组成员间合作紧密，能互帮互助		
	文明	合规操作，不违背平台规则、要求		
总计				
存在的问题		解决问题的方法		

自我提升与检测

问题 1：什么是滤镜？它的实现原理是什么？

_____

自我提升与检测参考答案

_____

_____

问题 2：图像修饰工具都包含哪些？它们的异同点有哪些？

_____

_____

_____

问题 3：如何进行去污去杂的细节修饰？

_____

_____

_____

问题 4：图层特效使用了 Photoshop 中的哪些工具来实现？

_____

_____

_____

任务 2.2 Photoshop 图像调色技巧应用

任务分析

学习了运用 Photoshop 修饰图片，熟悉了图层特效制作方法，赵亮还需要运用之前所学的图像色彩模式、色彩基本原理等知识进行图像的调色处理。在操作之前，她需要提前做好以下准备工作。

1. 硬件：一台内存在 8 GB 以上、CPU 是酷睿 i5 或锐龙 Ryzen 5 及以上产品的计算机。
2. 软件：Photoshop CC 2020。
3. 素材：获取课堂案例相关素材。
4. 知识：熟悉色彩基础理论与 Photoshop 色彩调整相关工具。

任务目标

1. 认识色彩构成的基本原理，掌握色彩构成的一般规律。
2. 了解色彩语言表达设计思想。
3. 熟悉曝光处理与偏色校正的操作方法。
4. 能够利用相关知识合理地为商品图片调整色彩。
5. 具备良好的美学素养，在图形图像的调整中应用色彩规律，增强色彩敏感度，提高基础审美水平。

知识储备

在对本任务的准备工作中，赵亮将依次学习并理解色彩基础理论，掌握 Photoshop 中色彩调整的操作方法，然后通过案例训练将色彩基础理论知识应用于商品图片的色彩调整处理中，为后续的网络店铺相关视觉设计工作打好基础。

> ? 微课视频
>
> 扫描下方二维码，进入与本任务相关的微课堂，进一步学习色彩的相关知识。
>
>
>
> 认识色彩

2.2.1　色彩基础理论

2.2.1.1　色彩构成的基本原理

色彩构成（Interaction of Color）即色彩的相互作用，是从人对色彩的知觉和心理效果出发，用科学分析的方法，把复杂的色彩现象还原为基本要素，利用色彩在空间、量与质上的可变性，按照一定的规律去组合各构成要素之间的相互关系，再创造出新的色彩效果的过程。

> ⑦ 想一想
>
> 　　根据 Photoshop 中关于色彩的工具与功能，你是否能发现一些色彩的基本要素？不妨打开软件进行思考，并尝试总结与提炼。

想一想参考答案

🌐 **拓展阅读**

色立体原理与孟赛尔颜色体系

　　色立体是依据色彩的色相、明度、纯度变化关系，借助三维空间，用旋转直角坐标的方法，组成一个类似球体的立体模型。它的结构类似于地球仪的形状，北极为白色，南极为黑色，连接南、北两极且贯穿中心的轴为明度标轴，北半球是明色系，南半球是深色系。色相环的位置则在赤道线上，球面上任一点到中心轴（即明度标轴）的垂直线表示纯度系列标准，越接近中心，纯度越低，球中心为正灰。日本色彩研究所研制的色立体 PCCS（Practical Color Coordinorte System）如图 2-43 所示。

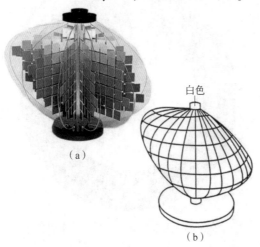

（a）

白色

（b）

图 2-43　日本色彩研究所研制的色立体 PCCS

（a）PCCS 体系——色立体；（b）PCCS 体系——色立体结构

孟赛尔颜色体系已成为国际上广泛采用的分类和标定物体表面色的方法，也是许多其他色彩分类法（如 PCCS）的基础。孟塞尔颜色体系创建了一个描述色彩的合理方法，其采用的十进位计数法比颜色命名法更优越，如图 2-44 所示。

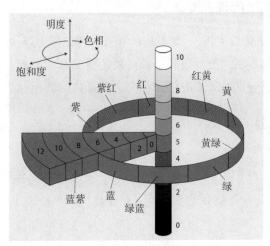

图 2-44　孟赛尔颜色体系

色彩构成是艺术设计的基础理论之一，它与平面构成及立体构成有着不可分割的关系，色彩不能脱离形体、空间、位置、面积、肌理等独立存在。色彩构成中最基本的要素是色相、明度、纯度。

（1）色相

色相是来自孟塞尔颜色体系中指代不同颜色的词汇，色相的基本组合由 12 种颜色构成，如图 2-45 所示，12 种颜色被继续分割后的分类有 100 种，分别予以数值，使之成为色系编号。孟塞尔颜色体系着重研究颜色的分类与标定、色彩的逻辑心理与视觉特征等，为传统艺术色彩学奠定了基础，也是数字色彩理论参照的重要内容。

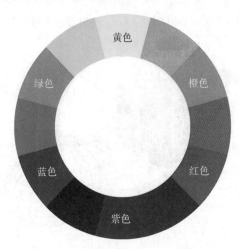

图 2-45　孟塞尔颜色体系的基本组合

将两种以上的色彩组合后，由于色相差别而形成的色彩对比效果称为色相对比。它是色彩对比的一个根本要素，其对比强弱取决于色相之间在色相环上的距离（角度），距离（角度）越小，对比越弱；反之则对比越强。色相对比分类图如图 2-46 所示。下面重点介绍色相的调和对比（包括邻接色对比、类似色对比和中差色对比）以及强烈对比（包括对比色对比和互补色对比）。

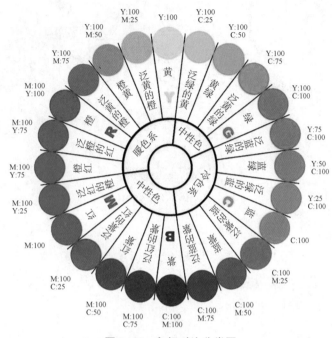

图 2-46　色相对比分类图

1）邻接色对比。

邻接色对比是指色相环上相邻的 2~3 色对比，角度大约为 30 度，为弱对比类型，如红橙与橙及黄橙色对比等。邻接色对比的效果柔和、和谐、雅致、文静，但也单调、模糊、乏味、无力，必须调节明度差来加强效果。邻接色对比如图 2-47 所示。

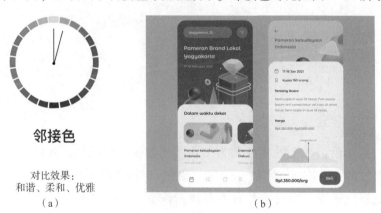

邻接色

对比效果：
和谐、柔和、优雅
（a）

（b）

图 2-47　邻接色对比
（a）角度；（b）示意

2）类似色对比。

类似色对比在色相环上的角度约为 60 度，为较弱对比类型，如红与黄橙色对比等。类似色对比的效果较丰富、活泼，又不失统一、雅致、和谐。类似色对比如图 2-48 所示。

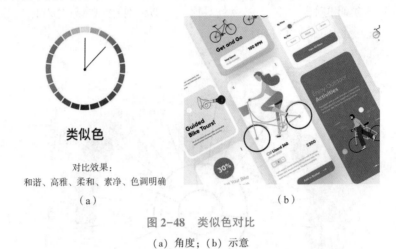

类似色

对比效果：
和谐、高雅、柔和、素净、色调明确
（a）

（b）

图 2-48　类似色对比
（a）角度；（b）示意

3）中差色对比。

中差色对比在色相环上的角度约为 90 度，为中对比类型，如黄与绿色对比等。中差色对比的效果明快、活泼、饱满、使人兴奋，感觉有兴趣，对比既有相当力度，又不失调和。中差色对比如图 2-49 所示。

中差色

对比效果：
丰富、明快、活泼、统一、和谐、雅致
（a）

（b）

图 2-49　中差色对比
（a）角度；（b）示意

4）对比色对比。

对比色对比在色相环上的角度约为 120 度，为强对比类型，如黄绿与红紫色对比等。对比色对比的效果强烈、醒目、有力、活泼、丰富，但不易统一，有杂乱、刺激之感，容易造成视觉疲劳，一般需要采用多种调和手段来改善对比效果。对比色对比如图 2-50 所示。

5）互补色对比。

互补色对比在色相环上的角度约为 180 度，为极端对比类型，如红与蓝绿、黄与蓝紫色对比等。互补色对比的对比效果强烈、炫目、响亮、有冲击力，但处理不当易使人产生幼稚、别扭、粗俗、不安定、不协调等不良感觉。互补色对比如图 2-51 所示。

对比色

对比效果：
明快、饱满、华丽、活跃，使人兴奋激动
（a）
（b）

图 2-50　对比色对比

（a）角度；（b）示意

互补色

对比效果：
强烈、鲜明、充实、动感
（a）
（b）

图 2-51　互补色对比

（a）角度；（b）示意

（2）明度

明度指颜色的亮度，不同的颜色具有不同的明度，例如黄色就比蓝色的明度高。在一个画面中安排不同明度的色块，也可以帮助传递作品中蕴含的感情。例如，如果天空比地面明度低，就会产生压抑的感觉。

两种以上色相组合后，由于明度不同而形成的色彩对比效果称为明度对比。它是色彩对比的一个重要方面，是决定色彩方案是否明快、清晰、柔和、强烈、朦胧的关键。如图 2-52 所示为红色系的明度划分。

图 2-52　红色系的明度划分

3 种明度的色彩所表现出的色彩心理有明显差异，具体如下。

1）高明度基调：高明度色占整个画面的70%以上，使人联想到晴空、清晨、溪流、朝霞、鲜花等。明亮的色调给人以轻快、柔软、明朗、高雅、纯洁的感觉。

2）中明度基调：中明度色占整个画面的70%以上，给人以朴素、文静、老成、庄重、刻苦、平凡的感觉。由于人的眼睛最适合看中明度色调，因此此类色调是最适合视觉平衡的色调。

3）低明度基调：低明度色占整个画面的70%以上，给人以沉重、浑厚、强硬、刚毅、神秘的感觉，也可给人以黑暗、阴险、哀伤等感觉。

每种明度按色彩对比可以分为3种：短调对比（弱对比）——明度差别在3级以内；中调对比（中对比）——明度差别在3~5级；长调对比（强对比）——明度差别在5级以上。

明度的高低与对比可以体现出不同的色彩心理，9种不同明度与色彩对比如图2-53所示。

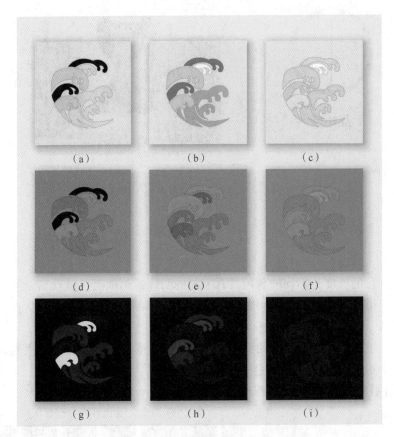

图2-53 9种不同明度与色彩对比

(1) 高长调；(b) 中长调；(c) 高短调；(d) 中长调；(e) 中中调；(f) 中短调；

(g) 低长调；(h) 低中调；(i) 低短调

（3）纯度

纯度表示色彩的鲜艳程度，也称饱和度。最鲜艳、纯度最高的色彩被称为"纯色"的色彩；反之，纯度最低的色彩被称为"无色"的色彩。

图形图像处理

112

在日常设计中，通常可以通过以下方法对色彩进行纯度处理。

1）加白——纯色混合白色，可以降低纯度，从而提高明度，同时色性偏冷。

2）加黑——纯色混合黑色，可以降低明度，颜色也变得沉着、幽暗。

3）加灰——纯色混合灰色，纯度逐步降低，色彩变得混浊，含灰色，具有柔和、软弱的特点。

4）加互补色——任何纯色都可以用相应的互补色冲淡。

与明度一样，根据纯度，可以将每种色标划分出灰调、中调、鲜调3种纯度基调，如图2-54所示。根据强、中、弱，可以再划分出9个等级的纯度色标，如图2-55所示。

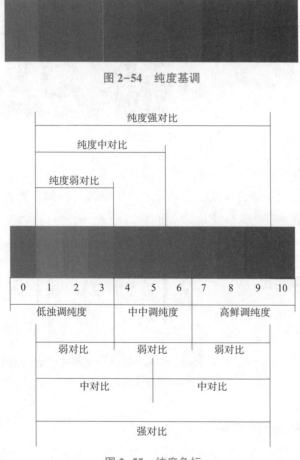

图2-54　纯度基调

图2-55　纯度色标

纯度强对比是纯度差间隔在5级以上的对比。纯度高的色彩显得更加饱和，纯度低的色彩显得更加灰暗。其中，纯色与黑、白、灰的对比最为强烈。纯度强对比使色彩显得更加协调，有较强的表现力，如图2-56所示。

纯度中对比是纯度差间隔在4、5级的对比。因为纯度中对比比较平和，所以容易缺乏亮点，可以通过明度的变化，并适当地搭配1~2个具有纯度差的色彩，使画面更生动，如图2-57所示。

纯度强对比

特点：
色彩明确、色感强、生动、刺激、华丽

图 2-56　纯度强对比

纯度中对比

特点：
温和、平稳、稳生、沉静

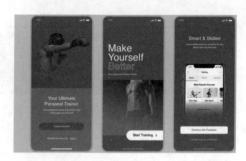

图 2-57　纯度中对比

纯度弱对比是纯度差间隔在 3 级以内的对比。这种对比很容易调和，比较适合表现凝重、稳定的感觉，但是缺少变化，容易使人产生混乱、模糊、脏的感觉，因此应借助明度和色相两个属性的变化来优化设计，如图 2-58 所示。

纯度弱对比

特点：
含蓄、朴素、平静

图 2-58　纯度弱对比

2.2.1.2　色彩构成的一般规律

色彩构成的一般规律包括色彩冷暖规律、色彩互补色规律、色彩空间变化规律等。

（1）色彩冷暖规律

冷暖规律是色彩关系中普遍存在并起着重要作用的一条规律。暖色有向前突出、放大、扩散的感觉，冷色则相反。色彩的冷暖是相对的，任何两种不同的色彩放在一起就会区分出冷暖。即使同一色相也有冷暖区别，例如大红与朱红比较，大红就偏冷，如图 2-59 所示；大红与紫红比较，大红就偏暖。

物体的亮面受光源色影响，光源的冷暖决定了亮面色调的冷暖，呈现的色相是固有色和光源色的总和。同一物体在不同的光源下将呈现不同的色彩，例如电灯光下的物体带黄色，日光灯下的物体偏青色，晨曦与夕阳下的景物呈橘红、橘黄色，白昼阳光下的景物带浅黄色（如图 2-60 所示），月光下的景物偏青绿色等。

图 2-59　大红和朱红的冷暖对比

图 2-60　白昼阳光下的景物

物体的暗面受周围环境影响，环境色的冷暖决定了暗面色调的冷暖，暗面的色相是由固有色的纯度、光源色的饱和、环境色的强弱共同决定的。明暗交界线是物体最暗的部位，它的冷暖倾向也最弱。明暗交界线实际上也是冷暖交界线，它既含亮面色彩又含暗面色彩，是明暗亮面对立色彩的总和。高光色主要是光源色的体现。

（2）色彩互补色规律

在色相原理中提到，色相环上角度为 180 度的两种色彩为互补色，如图 2-61 所示。互为补色的两色放在一起会产生强烈的对比，各自突出自己的色相，显得夺目响亮，而补色相混、相互抵消会显得灰暗。

图 2-61　互补色

✉ 经验之谈

色彩互补色规律如下。

①一般情况下，物体整体偏亮的部分与偏暗的部分具有补色关系。

②并置的两色如果互为补色，会各自突出自己的色相，例如黄色与蓝色并置，黄色显得带有橙色，蓝色则显得带有紫色。

③浅色物体上的补色表现更明显，也与光源色倾向、强弱的关系很大。物体在有色光线照射下，更容易观察到补色关系。

④补色对比与色彩面积有关，若使用不当，也会产生不协调、刺眼的效果，影响画面效果。

（3）色彩空间变化规律

空间变化是一切造型艺术遵循的规律。人眼是按"近大远小"的透视原理来反映物体的空间效果，现实中存在的客观物体也是如此。两个同一形状、同一颜色和同一大小的物体，一近一远，则会感觉到近的大，远的小；近的色彩艳丽，远的模糊；近的明暗对比强，远的明暗对比弱。这就是色彩的空间变化。

2.2.1.3 色彩语言表达设计思想

色彩是事物给人的第一印象，人们对色彩的印象往往比对其他视觉元素更深。合理的色彩，能更好地展示设计内容并有利于信息传达，能更有效地吸引受众，更准确地同受众的心理呼应，为设计增添更多魅力。在色彩的语言表达中，利用色彩的特性，把握色彩对比与调和的关系尤为重要。在具体的色彩语言表达方面，要注意以下几个原则。

（1）色彩识别性

不同的群体拥有不同的背景，对色彩的辨别能力也不尽相同。设计时应避免选择受众认知度较低或不易辨别的色彩，要尽可能选择目标群体易识别的色彩，这样可以有效地利用大众传播来达到宣传的目的。

（2）语意相关性

色彩效果应该在视觉、心理和象征上得到观者的体会和理解。人们经过长期的社会生产实践和生活体验，对色彩形成了不同的情感和心理感受。久而久之，人们对这种长期积累的色彩印象赋予各种语意特点，并将其应用到生产、生活中。例如，儿童用品的设计多使用色彩亮丽、醒目的纯色，蓝色常用在与前沿科技产业相关的内容画面设计中，如图 2-62 所示。

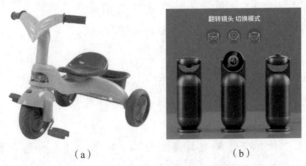

图 2-62　儿童用品与科技商品设计用色对比

（a）儿童用品；（b）科技商品

设计师在色彩语言表达中，应充分考虑不同色彩的语意特点，并将其和设计主题内容结合起来。

（3）延展性

色彩的延展性有益于加深受众对设计作品的视觉印象。设计中色彩的延展性主要表现在以下两个方面。

一是指设计选择的色彩要具有整体配色的可延展性。选定设计的色彩，需要在所有的设计画面上根据不同的内容关系进行配色应用。运用具有延展性的色系，更容易协调设计作品或广告策划的整体色彩关系。例如主色为灰色，配色可根据情况和需要变化使用各种色系，这样可以有效保持受众对设计作品的认知度。

二是色彩可以延展至设计对象风格的表现。根据设计对象的性质、内容，设计师依靠审美经验和实践基础，选择有针对性的色彩进行设计表现。例如可口可乐品牌突出的个性色彩是富有激情的红色，这个色彩出现在可口可乐商品的所有宣传中，让人过目难忘。可口可乐所有的设计都使用红色作为主要色彩，从传统媒介到网络媒介的整体色彩风格统一、连贯、独树一帜，使人们一提到这个品牌，就能联想到其红色的标志，如图 2-63 所示。

图 2-63　可口可乐宣传海报

2.2.2　Photoshop 中的色彩调整

图像色彩调整是对图像明暗关系以及整体色调的调整。图像多变，有时在明暗关系或色调方面进行调整，会让图像显现出另一种风采。图像色彩的编辑是指利用工具，通过对图像整体或局部色彩的变换，调整出想要的效果。

（?）想一想

通过色彩基础理论的学习，你认为在 Photoshop 中需要对色彩中的哪些要素进行调整，才能调整与改变图像的色彩？

想一想参考答案

本任务主要介绍曝光处理相关的调整命令、偏色的矫正调整，商品图整体色调的调整和编辑，以及利用 Photoshop 中提供的各类功能的工具，改变与调整图像色彩。

2.2.2.1　曝光处理

在拍照的时候，可能因为相机操作不当，或者拍摄场景的光线不稳定，导致曝光过度或曝光不足。在 Photoshop 中，可以使用"曝光度""曲线"命令来对曝光进行调整处理。下面以调整曝光度不足的照片为例进行介绍。

步骤 1：打开文件，调整曝光度。在 Photoshop 中打开素材文件，可以看到照片严重曝光不足，执行"图像"→"调整"→"曝光度"命令，如图 2-64 所示，打开"曝光度"对话框，拖动"曝光度""位移""灰色系数校正"滑块进行调整，如图 2-65 所示。

图 2-64　执行"图像"→"调整"→"曝光度"命令

图 2-65　调整"曝光度""位移""灰度系数校正"

步骤 2：调整曲线。单击"确定"按钮，关闭对话框。执行"图像"→"调整"→"曲线"命令，打开"曲线"对话框，调整曲线，如图 2-66 所示。

图 2-66　调整曲线

步骤 3：完成调整。单击"确定"按钮，得到的图像效果如图 2-67 所示。

图 2-67　完成曝光调整后的效果

经验之谈

曝光度是 Photoshop CC 系列版本增加的调色工具，很多人认为它是一个提亮和压暗的工具，与曲线、色阶甚至亮度/对比度工具没什么不同，其实，曝光度工具有它无可取代的优势。

"曝光度"对话框中的三个滑块："曝光度"滑块用于调整色调范围的高光端，对特别重的阴影的影响不大；"位移"滑块用于调节阴影和中间调的明暗，对高光的影响不大；"灰度系数校正"滑块可以简单地理解为用于调整整体照片光影的灰度。

从调节的效果来看，曝光度工具其实是把用曲线工具提亮或压暗所产生的效果拆分成了三块。虽然曝光度工具要花三步才能达到曲线工具一步的效果，但也正因为这种划分，使其可以完成曲线工具很难完成的工作。

2.2.2.2 偏色校正

在拍照时，由于白平衡设置或环境光照的影响，照片很可能会出现偏色，导致色彩不自然。在拍摄人像时，更可能会因此导致严重的负面观感。这时就需要在后期对图像进行偏色校正处理。

> (?) 小词典
>
> 偏色是指在摄像成像设备所获取的图像中，画面颜色的色相、饱和度与人眼所见的真实场景有明显的区别和差异。简单来讲，就是指图像的颜色与现实中色调的不同。

（1）偏色校正理论基础

偏色校正理论是在中性灰理论的基础上演变出来的。在用 RGB 模式表示颜色时，R代表红色，G代表绿色，B代表蓝色。灰色可分为深灰、浅灰、中灰等多种，但是有一个规律：R、G、B 3 个值相等。浅灰的 3 个值比较大，而深灰的 3 个值比较小。在灰色梯度中，除纯黑、纯白以外，只要 R、G、B 3 个值相等，就是标准的灰色，也就属于中性灰的范畴。以上规律称为中性灰理论。

如果 R、G、B 三原色中少了一种，那么最终的颜色就会变成所缺少的颜色的互补色。由此可以推论：如果三原色的其中一种颜色减少，结果就会向这种颜色的互补色发展。三原色的色彩平衡如图 2-68 所示。

图 2-68　三原色的色彩平衡

按照中性灰理论，灰色的物体在正常光线照射下，其图像中 R、G、B 的数值一定相等。要判断一张照片是不是偏色，只需要检查它应该是灰色的位置，是不是 3 个值都相等，如果不相等，就是偏色。查看缺少什么颜色，把它补足，就可以纠正照片的偏色。所谓校正图像偏色，是指只改变其中的一种颜色或几种颜色，以达到色彩平衡的效果。

（2）使用中性灰理论校正偏色

要校正这样的偏色，最简单的方法是使用"色阶"或"曲线"命令，在打开的对话框中选择灰色吸管，单击图像中应该为中性灰的位置，此位置的像素点就被恢复为 R、G、B 等值的中性灰，操作步骤如下。

步骤 1：判断图像是否偏色。如图 2-69 所示的照片颜色偏黄色。打开 Photoshop，选择吸管工具，单击图像中原来应该为黑、白、灰的地方，如最深阴影处，可以看到在

"信息"面板上显示出来的数值是（R59，G42，B16），如图 2-70 所示。很明显，3 个数值不等，而且蓝色值偏小，造成了黄色增加，所以颜色偏黄色。

图 2-69　图像偏黄色

图 2-70　查看 RGB 值

步骤 2：校正偏色。执行"图像"→"调整"→"色阶"命令，在打开的"色阶"对话框右下方有 3 个吸管工具，如图 2-71 所示。左边的黑头吸管是确定"黑场"的，用它单击图片中任意位置，这个位置的颜色就会变成最黑，其他位置的颜色也会跟着变。右边的白头吸管和中间的灰色吸管的功能一样。用灰色吸管在背景墙位置单击，整张图片的色调立即变了，颜色变得正常了。"信息"面板上的 RGB 值变成了（R36，G36，B36），这说明灰色正确了。一旦灰色正确，那么整张图片的颜色就基本正常了，如图 2-72 和图 2-73所示。

121

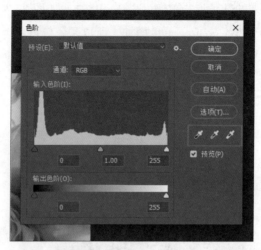

图 2-71　"色阶"对话框

图 2-72　色阶灰场设置

图 2-73　取色验证

　　步骤 3：色阶调整。从图像中可以看到，原本偏色的灰色恢复了正常，RGB 值也就正常了，并且图像中其他像素也随之正常了，这张图片也就不偏色了。虽然偏色恢复正常了，但图像看起来有灰暗的感觉，这时可以通过"色阶"面板来调整白色与黑色。拖动黑色、灰色和白色小三角，将图像的色阶调整至所需状态，如图 2-74 所示。注意，虽然这时 RGB 值发生了改变，但 RGB 三色是保持平衡的。

图 2-74　色阶调整及效果预览

（3）使用本色还原校正法校正偏色

如果一张照片中根本就没有"本来应该是灰的"这样的地方，那就在图像中找出"能确定本来该是某种颜色"的位置来作为校正偏色的参照点。用颜色取样工具在图中相应位置单击，判断偏色情况，然后利用"色彩平衡"或"曲线"命令进行调色，操作步骤如下。

步骤 1：确定图像偏色情况。先观察图 2-75 所示的图像，初步确定图像的偏色情况。若明显感觉图像是偏红色或偏洋红，那就要减少红色或洋红色。从前面的色彩基础理论中可知，红色的补色是青色，洋红色的补色是绿色，调整时就增加青色或绿色。

图 2-75　偏色图像

123

按住【Shift】键用吸管工具在图中蓝天的位置单击，"信息"面板上出现了#1 的 RGB 值，如图 2-76 所示。这里可以看到绿色的值最小，红色和蓝色的值相近。天空应该为蓝色，这样就可以初步判断：图像因缺少绿色而导致偏红色。

图 2-76　#1 的 RGB 值

步骤 2：校正图像偏色。

1）第一种方法是执行"图像"→"调整"→"色彩平衡"命令，打开"色彩平衡"对话框，分别在"阴影""中间调""高光"中增加绿色，减少红色和蓝色。注意，根据蓝天的颜色变化，在"中间调"和"高光"中可适当增加蓝色，如图 2-77 所示。

图 2-77　"色彩平衡"对话框

2）第二种方法是执行"图像"→"调整"→"曲线"命令，打开"曲线"对话框进行调整。使用曲线进行调整时，需注意选择通道。"RGB"通道是全色通道，只能用来调全色，而不能调偏色。这里选择"绿"通道，按住【Ctrl】键单击取样点，在"曲线"对话框的直线上就会出现一个点。这个点就是与取样点对应的点，此时可以对曲线进行调整了，如图 2-78 所示。

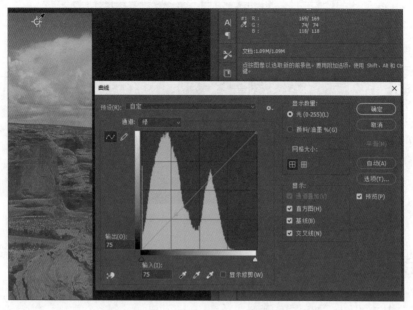

图 2-78　选择"绿"通道并取样

在"曲线"对话框中操作，向上拉曲线是增多，向下拉曲线是减少。向上稍微拉曲线，就可以看到图片的颜色有变化了。这时，"信息"面板显示 R、B 值都没有变，G 值明显提高了，说明绿色增多了，洋红色减少了。换成"红""蓝"通道，继续类似的操作，将曲线调整至所需状态。完成后，按住【Ctrl+Alt】组合键单击取样点，可以删去取样点。曲线调整后的效果如图 2-79 所示。

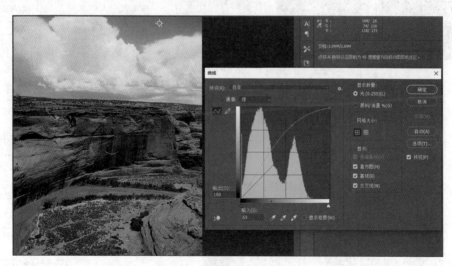

图 2-79　曲线调整后的效果

步骤 3：调整图像明度。在"色阶"对话框中，将输入色阶中的黑、白、灰 3 个滑块进行适当拖动，做到黑白分明。此步骤与前面介绍过的曝光处理同理，微调后的效果如图 2-80 所示。

图 2-80　图像偏色校正后的效果

任务实施

（一）Photoshop 中的色彩调整

课堂案例——偏色与曝光图像处理

【案例教学目标】学习使用 Photoshop 进行偏色与曝光图像的调色处理。

【案例知识要点】使用曝光度、色阶等工具进行曝光处理，使用色阶与曲线等工具进行偏色调整，需处理的图像如图 2-81 所示。

扫码查看素材和操作方法

偏色与曝光图像
处理素材 1

偏色与曝光图像
处理素材 2

（a）　　　　（b）　　　　（c）

偏色与曝光图像
处理素材 3

偏色与曝光图像
处理素材 4

（d）　　　　（e）

图片曝光及
偏色处理

（f）　　　　（g）

图 2-81　偏色与曝光图像处理

（a）曝光不足；（b）正常曝光；（c）曝光过度；（d）调整偏黄照片示意一；
（e）调整偏黄照片示意二；（f）调整偏黄照片示意三；（g）调整偏黄照片示意四

文化小课堂

色彩里的中国

2023 年年初，上海博物馆结合丰富的馆藏数字资源，以色彩为主题，推出线上数字专题《国色》。该专题首创动态视差的页面展示形式，兼顾文物数字化展示的可读性和类流动观赏体验，借助璀璨陆离、斑斓缤纷的文物，从传统的色彩审美入手，用当代之眼，观传统之象，以中国叙事，述中国之美，为观众开启了一段五彩翚飞的"国色"之旅，如图 2-82 所示。

图 2-82　随类赋彩

古人认为，青、黄、赤、白、黑五色是色彩的本质，这五色被尊为"正色"。以正色混合，可以获得色调丰富的"间色"，代表自然界中变化繁多的色彩形式。色彩运用中以正色为贵，间色为下，往往关联五行的象征意义，具有类型化、程式化的特点，又不乏灵活性、多样性。

色彩是视觉艺术中最基本的元素之一，每个地方的色彩偏好都折射出其独特的文化面貌。中国传统的色名数以百计，或描摹自然的直观，如莓红、槿紫；或冥想时空之渺漠，如苍黄、玄青；或指称物象的特色，如金莺黄、燕羽灰；或抒写心头之印象，如晴山蓝，飞泉白……精微深粹，不一而足，体现出中国人对自然万物的敏锐直觉，对世界本质的深入思考。传统色彩的运用，无论是廊庙的恢宏之象，还是民间的喧腾之景，抑或是林泉的幽雅之趣，均具象地反映了民族心理与审美趣味的丰富潜意识，是中国文化和艺术的重要表征。

习近平在二十大报告中提出，推进文化自信自强，铸就社会主义文化新辉煌。从中华民族的色彩文化的艺术发展来看，中华色彩文化将在视觉设计领域有着越来越大的影响力，视觉设计者也应肩负起传播中华文化的责任。

（资料来源：上观新闻）

（二）调整商品图片色彩

在准备商品主图、详情图等视觉营销素材时，由于拍摄的光线、设备、技术等因素的影响，得到的照片往往观感与实际商品有一定偏差，这时就需要将拍摄的照片进行调色处理，使之更接近真实商品的颜色。另外，当同款商品颜色较多，需要展现多颜色的主图时，也需要对其进行颜色调整。

视觉设计者想要调节一张商品图的色彩，光使用单一的调节工具是不够的，需要将各类调色工具结合起来使用，发挥各自的特点，这样才能调整出理想的图片效果。

课堂案例——商品图片色彩调整

【案例教学目标】学会使用 Photoshop 中的各种调色工具进行图片处理。

【案例知识要点】使用色阶等调色工具进行商品图片色彩调整，效果如图 2-83 所示。

扫码查看素材和操作方法

商品图片色彩
调整的素材

图片背景和商品
颜色处理

图 2-83　商品图片色彩调整

练一练

参考上述案例步骤，并结合所学知识，使用色彩范围和色彩/饱和度工具调整图 2-84 中水杯的颜色，最终得到另外 3 种不同颜色的水杯商品图。

水杯素材

图 2-84　水杯

任务评价

基于学生在本任务中学习、探究、训练的课堂表现及完成结果，参照表 2-4 的考核内容进行评分，每条考核内容分值为 10 分，学生总得分=30%学生自评得分+70%教师评价得分。

表 2-4　考核内容及评分

类别	考核项目	考核内容及要求	学生自评（30%）	教师评价（70%）
技术考评	质量	认识色彩构成的基本原理，能够辨析色相、明度与纯度，并阐述色彩构成的一般规律		
		了解色彩语言表达设计思想，并能够在实际调色中应用		
		掌握曝光处理与偏色校正的方法		
		能够利用相关知识，合理地为实际商品图片调整色彩		
		具备良好的美学素养，能够在图形图像的调整中应用色彩规律，得到色彩美观的图像		
非技术考评	态度	学习态度认真、细致、严谨，讨论积极，踊跃发言		
	纪律	遵守纪律，无无故缺勤、迟到、早退现象		
	协作	小组成员间合作紧密，能互帮互助		
	文明	合规操作，不违背平台规则、要求		
总计				
存在的问题		解决问题的方法		

自我提升与检测

问题 1：色彩构成的基本原理与一般规律是什么？

自我提升与检测
参考答案

问题 2：色彩语言表达设计思想体现在哪几个方面？

问题 3：Photoshop 中的调色工具有哪些？分别能完成怎样的调色处理？

任务 2.3 图像合成与特效制作技巧应用

任务分析

赵亮掌握了 Photoshop 中的一些基本工具和图像色彩调整美化技巧。但他发现，在实际工作中，还需要对各种图像元素进行合成处理。在一些场景下，还需要制作各种特殊的图像效果。为了学习更多的图像处理与制作技术，做出更加美观的图片，满足工作岗位需求，赵亮还需要了解关于图层蒙版的知识，并且学习图像合成与特效制作的相关技能。在学习之前，他需要提前做好以下准备工作。

1. 硬件：一台内存在 8 GB 以上、CPU 是酷睿 i5 或锐龙 Ryzen 5 及以上产品的计算机。

2. 软件：Photoshop CC 2020。

3. 素材：获取课堂案例相关素材。

4. 知识：熟悉 Photoshop 图像合成与特效制作的相关工具。

任务目标

1. 认识 4 种不同的蒙版，掌握图层蒙版的应用原理。

2. 掌握不同的图像合成方法，理解每种方法的实现逻辑。

3. 掌握基础的图像特效制作方法，并能灵活应用于商品效果图的制作中。

4. 具备规范精神，能够认真、合规地处理工作中的图形图像，形成良好的职业道德价值观。

知识储备

应用 Photoshop 强大的图像处理功能，不仅能够对图像的形态、色彩、内容进行调整，还能够通过各种工具的组合，完成各类复杂的特效处理任务。本任务重点介绍蒙版的相关知识，并演示图像合成与几个基本特效的制作步骤。

2.3.1 认识图层蒙版

2.3.1.1 蒙版的原理

在使用 Photoshop 进行图像处理时，设计者常常需要保护一部分图像，以使它们不受各种处理操作的影响，此时就可以使用蒙版工具。蒙版可以理解为浮在图层上的一块玻璃，它只对图层的部分起到遮挡的作用。当我们对图层进行操作时，被遮挡的部分是不会受到影响的，这样就可以不直接在原图层上修改，达到保护原图的目的。由于蒙版的这种特性，在蒙版上所做的修改只会在原图层的图像部分显示，而不会超出原图像的边界，从而可以满足更多的设计需求。图 2-85 所示为一种典型的使用画笔制作出的蒙版效果。

图 2-85　典型的图层蒙版效果

2.3.1.2　蒙版工具

蒙版可将不同灰度色值转化为不同的透明度值，并作用到它所在的图层，让图层不同地方的透明度发生相应的变化。其中，纯黑色表示完全透明，纯白色表示完全不透明。Photoshop 中的蒙版按透明度的调整方式分为两种模式：一种是白蒙版，另一种是黑蒙版（反向蒙版）。直接创建的蒙版默认为白蒙版，黑蒙版需要按住【Alt】键来创建。

（?）想一想

　　在应用蒙版的时候，哪些情况更适合使用白蒙版？哪些情况更适合使用黑蒙版？

想一想参考答案

Photoshop 中的蒙版可以分为快速蒙版、图层蒙版、剪贴蒙版、矢量蒙版 4 种。通过各种蒙版工具的使用，设计者可以实现基本的图像处理功能，如无痕拼接多幅图像、创建复杂边缘选区、替换局部图像、调整局部图像和图像光影等。下面分别介绍 Photoshop 中的这 4 种蒙版的用法。

（1）快速蒙版

创建快速蒙版的按钮位于左侧工具箱中，快捷键为【Q】键，如图 2-86 所示。快速蒙版的本质是通道。在 Photoshop 中，通道是存储颜色信息的独立颜色平面，Photoshop 中的图像通常都具有一个或多个通道。在快速蒙版中，可以运用所有通道工具，包括画笔、橡皮擦、选区、滤镜等。

图 2-86　创建快速蒙版

快速蒙版的主要作用是通过用黑、白、灰3种颜色画笔来作选区，白色画笔可以画出被选择区域，黑色画笔可以画出未被选择区域，灰色画笔可以画出半透明选择区域。

运用快速蒙版形成的临时通道，可进行通道编辑，在退出快速蒙版模式时，原蒙版里图像显现的部分便成为选区。如果用选框工具创建了一个矩形选区，则可以进入快速蒙版模式，并使用画笔扩展或收缩选区，也可以使用滤镜扭曲选区边缘来对选区进行调整。要实现以上操作，也可以使用选区工具。从选中区域开始，可以使用快速蒙版模式在该区域中添加或减去创建的蒙版，也可以完全在快速蒙版模式中创建蒙版。

（2）图层蒙版

图层蒙版的启动位置在"图层"面板下方，如图2-87所示。图层蒙版可以理解为在当前图层上面覆盖一块玻璃片，这种玻璃片有透明的、半透明的、完全不透明的。用

图2-87　添加图层蒙版

各种绘图工具在蒙版上涂色，涂黑色的地方蒙版变为透明的，看不见当前图层的图像；涂白色的地方蒙版变为不透明，可看到当前图层上的图像；涂灰色的地方蒙版变为半透明，透明的程度由涂色的灰度深浅决定。

图层蒙版跟橡皮擦工具差不多，它也可以把图片擦掉，但它比橡皮擦工具多了一个可以把擦掉的地方还原的功能。简单来说，图层蒙版就是一个不仅可以擦掉，还可以把擦掉的地方还原的橡皮擦工具。它可以改变当前图层对图像的呈现效果，但又不会更改图像本身的内容，当移开蒙版位置后，图像依然保持原状。

（3）剪贴蒙版

要创建剪贴蒙版，可执行"图层"→"创建剪贴蒙版"命令，如图2-88所示，或者直接按【Ctrl+Alt+G】组合键。剪贴蒙版是在两个图层间创建的，剪贴蒙版一经创建后，位于上面的图层所显示的形状或虚实就会受到下面图层的控制，下面图层的形状是什么样的，上面图层就会显示什么样的形状；或者只有下面图层的形状部分能够显示出来，但画面内容还是上面图层的，只是形状受下面图层控制。

图2-88　创建剪贴蒙版

要创建剪贴蒙版，也可按住【Alt】键，将鼠标指针放在两个图层之间，当鼠标指针形状改变时，单击即可创建，如图 2-89 所示。从效果上来说，剪贴蒙版就是将图片裁剪为蒙版的形状。

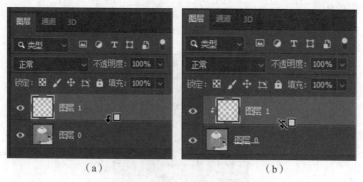

(a)　　　　　　　　　　　　　(b)

图 2-89　快捷创建与取消剪贴蒙版

(a) 创建；(b) 取消

(4) 矢量蒙版

要创建矢量蒙版，可执行"图层"→"矢量蒙版"命令，如图 2-90 所示，或者直接按【Alt+L+V】组合键。矢量蒙版也称为路径蒙版，是可以任意放大或缩小的蒙版，可以配合路径一起使用。当设计者使用矢量蒙版的时候，路径所覆盖的区域为图像显示区域，路径以外的图像将被隐藏，不会显示。矢量蒙版的最大特点就是可以通过修改路径来调整蒙版的形状。

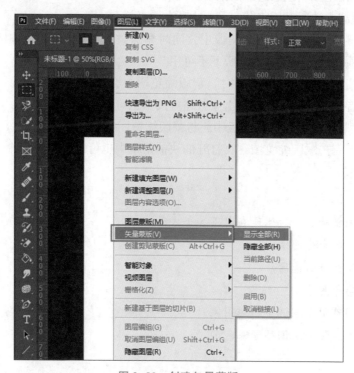

图 2-90　创建矢量蒙版

2.3.1.3 蒙版的"属性"面板

蒙版的"属性"面板用于对蒙版进行编辑操作，部分操作也可以右击蒙版缩览图，在打开的快捷菜单中实现。选中图层的蒙版缩览图后，执行"窗口"→"属性"命令，即可打开"属性"面板，如图 2-91 所示。

图 2-91　蒙版的"属性"面板

蒙版的"属性"面板中主要选项的功能如下。

1）密度：用来控制蒙版的不透明度。

2）羽化：用来控制蒙版边缘的柔化程度。

3）从蒙版载入选区：用来载入蒙版中所包含的选区。

4）应用蒙版：将蒙版应用到图像中，同时删除蒙版遮盖的图像，相当于将两个图层合并，该选项在给滤镜添加的蒙版下不可用。

5）停用/启用蒙版：蒙版停用时，蒙版缩览图上会出现一个红色的"X"。右击蒙版缩览图，或者按住【Shift】键单击蒙版缩览图，也可停用或启用蒙版。

6）删除蒙版：在"图层"面板中，将蒙版缩览图拖动至"删除蒙版"按钮上可以删除蒙版，或者右击蒙版缩览图，在打开的快捷菜单中也可以将蒙版删除。

经验之谈

蒙版的调整功能一般体现在以下 5 个方面。

①无痕拼接多幅图像。

②创建复杂边缘选区。

③替换局部图像。

④结合调整图层来调整局部图像。

⑤使用灰度蒙版来调整图像色调。

2.3.2　图像合成

2.3.2.1　什么是图像合成

图像合成是指将多幅图像通过各种操作合成一幅完整的、用来传递某些明确信息或情感的图像。图像合成是 Photoshop 中的重要功能之一，综合运用常用工具、菜单命令、图层模式和蒙版技术等，可以实现多种图像合成效果，让选取的素材图像与创意主题很好地融合在一起。在 Photoshop 中，利用校色调色功能，可方便、快捷地对图像的明暗、偏色等进行调整和校正，也可在不同颜色间进行切换，以满足图像合成时对光影和色彩的要求。

> ⑦ 想一想
>
> 　　如果不使用图层功能，是否可以进行图像合成？借助图层模式和蒙版技术进行图像合成的好处是什么？

想一想参考答案

2.3.2.2　图像合成的方法

通过灵活应用 Photoshop 中的一些常用工具，可以获得运用羽化、蒙版等难度较高的操作才能达到的特殊效果。设计者可根据具体情况选用易于理解和操作的基本工具进行图像合成，从而快速解决图像合成问题。下面以常见的图片处理问题的解决为例，介绍几种经典的图像合成方法。

> ⑦ 微课视频
>
> 　　扫描下方二维码，进入与本任务相关的微课堂，进一步学习图像合成的相关知识。
>
>
>
> 图像合成

🌐 **任务实施**

（一）图像合成制作

📝 **课堂案例——5 种方法合成图像**

【案例教学目标】学习使用 Photoshop 进行图像合成。

【**案例知识要点**】使用柔边橡皮擦、羽化、快速蒙版、图层蒙版等不同工具合成图像，效果如图 2-92 所示。

扫码查看素材和操作方法

（a）

（b）

（c）

图 2-92　5 种方法合成图像

（a）示意一；（b）示意二；（c）示意三

五种方法合成
图像素材 1

五种方法合成
图像素材 2

五种方法合成
图像素材 3

五种方法合成
图像素材 4

五种方法合成
图像素材 5

五种方法合成
图像素材 6

（二）光影特效制作

在 Photoshop 中，设计者通过各类编辑与美化操作的结合，可以实现更为复杂的图像编辑需求，例如将滤镜、蒙版与色彩调整等功能综合使用，可以将图像编辑出各类意想不到的特殊效果。下面介绍几种图像光影特效制作的方法。

图像合成

📑 **课堂案例——图像特效制作**

【**案例教学目标**】学习使用 Photoshop 进行图像特效制作。

【**案例知识要点**】使用 Photoshop 中的各类编辑与美化工具进行图像特效制作，效果如图 2-93 所示。

图 2-93　图像特效制作

扫码查看素材和操作方法

图像特效
制作素材 1

图像特效
制作素材 2

特效与
光效制作

（1）光照特效制作

借助各式各样的滤镜，可以对图像进行调整与渲染制作。例如，为了快速实现图像的光照特效，可以使用渲染滤镜组中的光照效果滤镜组直接进行设置。

光照特效中有点光、无限光和点测光3种类型可选。

①点光：可使光在图像正上方向各个方向照射，像灯泡产生的光线一样。

②无限光：能使光照射在整个平面上，如同太阳产生的光线效果。

③点测光：能投射一束椭圆形的光柱，点测光的预览窗口中的线条可定义光照方向和角度，而手柄可定义椭圆的边缘。

光照效果滤镜中的"预设"菜单中有17种预设的光照样式，用户也可以通过将光照添加到"默认"设置中来创建自己的预设。光照效果滤镜至少需要一个光源，一次只能编辑一种光，但所有被添加的光都将用于产生光照效果。

（2）倒影特效制作

下面介绍倒影的制作方法。

步骤1：制作一个水波贴图文件，为后期的水面倒影添加水波纹效果，让其更加贴近于真实效果。新建一个文档，将其命名为"水波贴图"，设置尺寸为1 000像素×2 000像素，如图2-94所示。

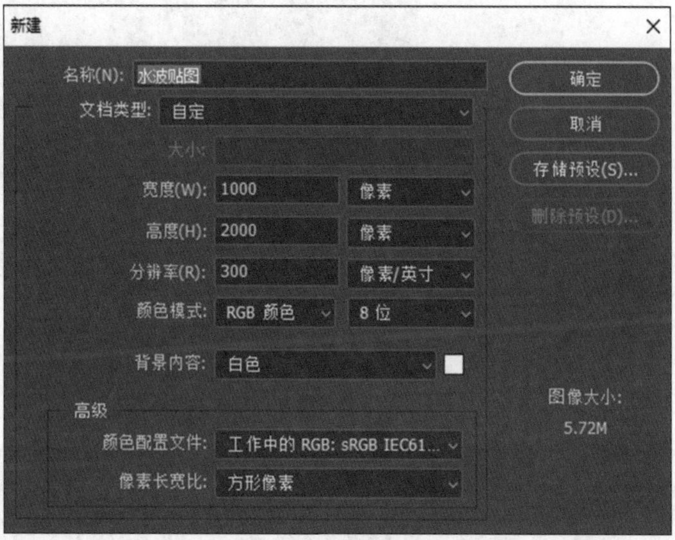

图2-94 新建文档

步骤2：执行"滤镜"→"杂色"→"添加杂色"命令，设置数量为400%，高斯分布，单色，然后为图像添加高斯模糊（执行"滤镜"→"模糊"→"高斯模糊"命令）滤镜，设置"半径"为2像素，如图2-95所示。

步骤3：打开"通道"面板，选择"红"通道，为其添加浮雕效果（执行"滤镜"→"风格化"→"浮雕效果"命令）滤镜，按如图2-96所示进行设置。

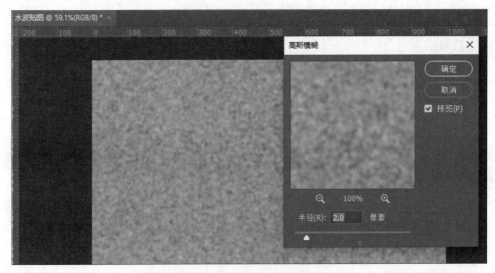

图 2-95　添加杂色与高斯模糊滤镜

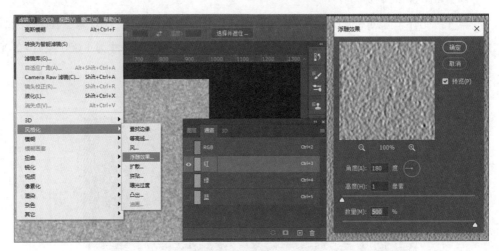

图 2-96　添加浮雕效果滤镜

步骤 4：选择"绿"通道，按如图 2-97 所示进行设置，并将"蓝"通道填充为黑色。

图 2-97　其他通道的设置

步骤5：选择"RGB"通道，按住【Alt】键，在"图层"面板中双击图层，将背景图层转换为普通图层。按【Ctrl+T】组合键，对其进行变形，在右键快捷菜单中执行"透视"命令，拖动下面的角，将其宽度调整为600%，按【Enter】键确定，按住【Ctrl】键单击图层缩略图，建立选区，然后执行"图像"→"裁剪"命令，如图2-98所示。

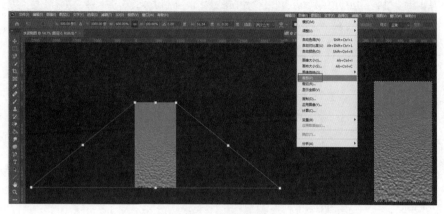

图2-98 选区的编辑

步骤6：重复步骤4，将图层高度设置为50%，执行"图像"→"裁切"命令，画布大小变为1 000像素×1 000像素，如图2-99所示。

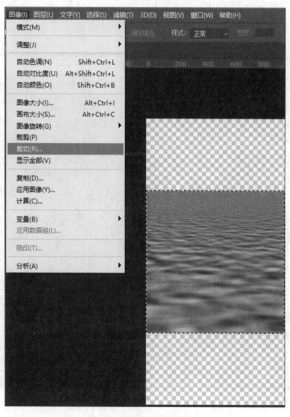

图2-99 裁切画布

步骤7：打开"通道"面板，选择"红"通道，按【Q】键进入快速蒙版模式，由上到下拉出从白到黑的渐变，按【Q】键退出快速蒙版模式，为"红"通道图层填充50%的灰色（#808080），如图2-100所示。

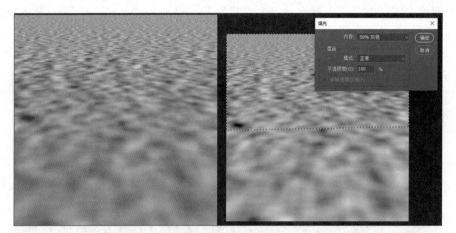

图2-100　设置渐变并填充

步骤8：选择"绿"通道，按【Q】键进入快速蒙版模式，拉出由白到黑的渐变，大概到图像高度的15%~20%，按【Q】键退出快速蒙版模式，为"绿"通道图层填充50%的灰色。选择"RGB"通道，返回"图层"面板，对图像进行高斯模糊，设置"半径"为1.5像素，如图2-101所示。将文档储存成PSD格式，至此，水波贴图文件就制作好了，该文件用于为后续步骤12中设置置换提供模板。

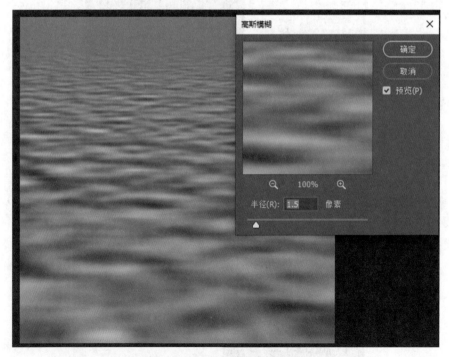

图2-101　设置高斯模糊滤镜

步骤9：打开要处理的图像，根据透视建立参考线。利用多边形套索工具选取选区，按【Ctrl+J】组合键复制一个图层，按【Ctrl+T】组合键进行垂直翻转，按住【Shift】键调整高度至水面倒影的状态，如图2-102所示。

图2-102　调整倒影

步骤10：选择倒影图层和水面图层，按【Ctrl+E】组合键合并图层，按住【Ctrl】键单击图层缩略图，建立选区，执行"图像"→"裁切"命令，将超出画布的部分删除掉。在倒影图层下方根据倒影的区域添加一个填充为浅蓝色的图层，用来表现商品倒映在水中的颜色，如图2-103所示。

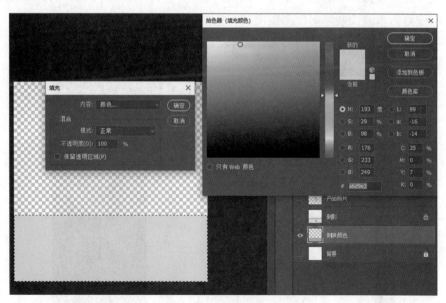

图2-103　新建水中颜色图层

步骤11：为倒影图层添加蒙版，并用渐变工具在蒙版上拉出从白到黑的渐变。按住【Ctrl】键单击倒影图层缩略图，建立选区，然后按住【Ctrl+Alt+Shift】组合键单击蒙版缩览图，进行交叉选区的选取，这样也选取了蒙版中的半透明区域。单击"图层"面板上部的"锁定透明像素"按钮，进行动感模糊处理（执行"滤镜"→"模糊"→"动感模糊"命令），模拟水中的倒影，如图2-104所示。

图2-104　模拟水中的倒影

步骤12：选中倒影图层，执行"滤镜"→"扭曲"→"置换"命令，按如图2-105所示进行设置。由于透视角度的原因，水纹水平和垂直并非等距，因此水平和垂直比例不能设置为相等的值。单击"确定"按钮，选择步骤8中保存的PSD文件，应用之前制作好的水波纹效果对倒影图层进行扭曲效果置换。

图2-105　置换滤镜的设置

步骤 13：选中倒影图层的蒙版，重新应用置换滤镜，如果觉得强度不够，可以再应用一次，最后调整图像整体颜色，即可得到最终效果，如图 2-106 所示。

图 2-106　倒影特效制作的最终效果

（三）碎片化特效制作

碎片化特效用于营造照片中的主体随风飘散或倾撒的效果。此类特效的制作方法有很多，基本都是利用画笔效果来实现。下面介绍一种简单的碎片化特效的制作方法。

步骤 1：打开需要制作的背景素材，并在新图层中置入需要制作出效果的主体素材，使用前面介绍的方法为其添加阴影效果，如图 2-107 所示。

图 2-107　置入素材并添加阴影效果

步骤 2：新建一个空白背景的文档来制作需要使用的画笔，画布尺寸不需要太大。选择矩形选框工具，按住【Shift】键绘制一个正方形选框。设置前景色为黑色，新建一个图层，按【Alt+Del】组合键为其填充黑色。执行"编辑"→"定义画笔预设"命令，打开"画笔名称"对话框，如图 2-108 所示。

步骤 3：回到之前待进行特效制作的图像，给汽车图层（图层 3）添加图层蒙版。选择画笔工具，打开"画笔设置"面板，按如图 2-109 所示进行设置。将前景色设置为

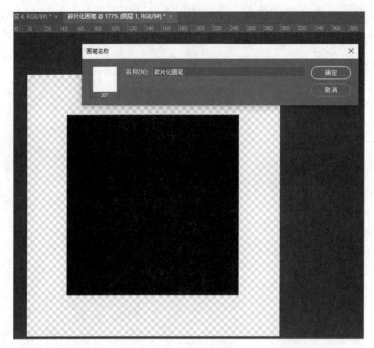

图 2-108 定义画笔预设

黑色，即可在蒙版中将汽车尾部涂出碎片，如图 2-110 所示。

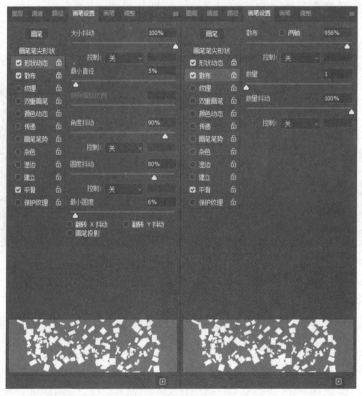

图 2-109 画笔设置

图 2-110　在蒙版中涂出碎片

步骤 4：新建一个图层（图层 5），将其放置在汽车素材的下方，前景色吸取车体上各种不同的颜色，"画笔设置"面板中的数值不变，涂出想要的碎片效果，如图 2-111所示。注意，距离车体近的位置可以多涂一些，距离车体远的位置将画笔缩小少涂一些。至此，完成了碎片化特效的制作。

图 2-111　涂出碎片效果

任务评价

基于学生在本任务中学习、探究、训练的课堂表现及完成结果，参照表 2-5 的考核内容进行评分，每条考核内容分值为 10 分，学生总得分 = 30%学生自评得分+70%教师评价得分。

表 2-5　考核内容及评分

类别	考核项目	考核内容及要求	学生自评（30%）	教师评价（70%）
技术考评	质量	认识 4 种不同的蒙版，能够阐述不同的蒙版的应用场景		
		能够应用不同的蒙版，制作各类图像特效		
		掌握不同的图像合成方法，理解每种方法的实现逻辑		
		掌握基础的图像特效制作方法，能灵活应用这些方法制作出商品效果图		
		具备规范精神，能够认真、合规地处理工作中的图形图像，形成良好的职业道德价值观		
非技术考评	态度	学习态度认真、细致、严谨，讨论积极，踊跃发言		
	纪律	遵守纪律，无无故缺勤、迟到、早退现象		
	协作	小组成员间合作紧密，能互帮互助		
	文明	合规操作，不违背平台规则、要求		
总计				
存在的问题		解决问题的方法		

自我提升与检测

问题 1：Photoshop 中的 4 种蒙版分别能制作出怎样的效果？

_____

_____

问题 2：合成图像的方法主要有哪几种？主要步骤都有哪些？

_____

_____

_____

问题 3：简述光照特效的制作方法。

_____

_____

_____

自我提升与检测
参考答案

问题 4：简述倒影特效的制作方法。

_____

_____

_____

知识与技能训练

【同步测试】

一、单选题

1. Photoshop 中的滤镜是一种插件模块，能够操纵图像的（   ），通过改变其位置或颜色来生成各种特殊效果。

A. 文件   B. 图层   C. 像素   D. 蒙版

2. 色相是来自（   ）中指代不同颜色的词汇，色相的基本组合由 12 种颜色构成。

A. 奥斯特瓦德色立体   B. 伊顿色立体

C. PCCS   D. 孟赛尔颜色体系

3. 纯度表示色彩的鲜艳程度，与明度一样，纯度可以将每种色标划分出（   ）3 种纯度基调。

A. 强调、中调、弱调   B. 灰调、中调、鲜调

C. 长调、中调、短调   D. 高调、中调、低调

4. 创建快速蒙版的按钮位于工具箱中，快速蒙版的本质是（   ）。

A. 通道   B. 图层   C. 路径   D. 动作

5. 图层蒙版用于实现对图像内容的全部或渐变（   ）效果，从而实现与其他图像的融合。

A. 删除   B. 隐藏   C. 填充   D. 覆盖

二、多选题

1. 滤镜主要通过一定的程序算法，对图像中像素的（   ）等属性进行计算和变换处理。

A. 颜色、明度   B. 饱和度、对比度

C. 尺寸、分辨率   D. 分布、排列

2. 修复画笔工具的实现原理是将样本像素的（   ）与源像素进行匹配。

A. 纹理   B. 光照   C. 透明度   D. 阴影

3. 液化滤镜具备高级人脸识别功能，可自动识别（   ）等面部特征。

A. 眼睛   B. 鼻子   C. 嘴唇   D. 发际线

4. Photoshop 中的蒙版可以分为（　　　）。

A. 图层蒙版　　　　B. 矢量蒙版　　　　C. 剪贴蒙版　　　　D. 快速蒙版

5. 在 Photoshop 中，对曝光进行调整使用的命令不包括（　　　）。

A. 曝光度　　　　B. 色阶　　　　C. 色彩平衡　　　　D. 曲线

三、判断题

1. 点是相对较小而集中的立体形态，它标志着空间中的位置，它也包含长度、宽度与深度属性。（　　　）

2. 仿制图章工具比修复画笔工具有更高的融合度。（　　　）

3. 在两种以上的色彩组合中，由于色相差别而形成的色彩对比效果称为色相对比。

（　　　）

4. 在用 RGB 模式表示颜色时，因 R、G、B 3 个值比例的不同而产生不同深度的灰色。

（　　　）

5. 在快速蒙版中，用白色画笔可以画出被选择区域，用黑色画笔可以画出未被选择区域，用灰色画笔可以画出半透明选择区域。（　　　）

【综合实训】

一、实训目的

通过本单元的学习，相信大家已经掌握了很多利用 Photoshop 进行图形图像编辑与美化的技巧。此次综合实训将以具体的商品图片作为图像处理与制作的素材，要求大家通过所学内容，完成图像的细节修饰与色彩调整，并熟练使用 Photoshop 的各类工具完成图像合成和各类光效、特效的制作。

二、实训内容及要求

结合本单元所学内容，为表 2-6 所示的 3 种商品进行详情图片编辑与美化。要求根据原商品图的特点，查找合适的素材进行编辑美化。注意商品图与背景素材的色彩调整，图像合成的运用，以及图像特效制作的技巧，使新制作的商品详情图片色彩和谐、画面美观且特效丰富。

图形图像编辑和美化
综合实训素材图

表 2-6　图形图像编辑和美化综合实训

主营商品	原商品图片	基本制作要求
青花瓷茶壶		1）背景虚化 2）去污去杂色 3）曝光处理 4）增加光效

主营商品	原商品图片	基本制作要求
丝绸睡衣		1）调整颜色款式 2）图像合成（与实际场景的置物架合成） 3）光照处理 4）投影制作
藕粉荷塘 （产地）		1）偏色校正 2）图像合成（天空） 3）倒影制作（将左下方改为池塘）

三、实训考核与评价

基于学生在本次综合实训中的表现及完成结果，对实训考核内容进行评分（表2-7），并完成学生自评和教师成果点评。

表 2-7　实训考核与评价

考核项目	学生自评（30%）	教师评价（70%）
青花瓷茶壶图片处理		
丝绸睡衣图片处理		
藕粉荷塘（产地）图片处理		
总计		
自我评价	教师点评	

单元 3　图形图像商业应用案例实战

 **链接职场**

　　韩莉是一名刚毕业的设计专业的学生，目前在一家电子商务公司从事美工设计方面的工作。她的日常工作是配合设计师进行网络店铺的相关设计，如设计与制作品牌Logo、商品主图、商品海报，以及装修店铺页面、手机端页面、H5 页面等。电子商务企业非常重视视觉营销，如何让自己的店铺在数以万计的竞争者中脱颖而出，促使顾客产生购买欲望？这是韩莉在设计与制作相关素材时需要考虑的主要问题之一。

　　开展工作前，韩莉计划将日常工作划分为 VI（Visual Identity，视觉识别）规范设计、营销图设计与制作、店铺首页设计、商品详情页设计、手机端店铺设计，以及新媒体图文设计 6 个方面，并精心剖析工作内容及要求，理解 VI 设计的原则与规范、构图设计要点、版式设计法则、页面制作规范等在视觉设计过程中需要考虑的核心要素。掌握这些内容之后，再着手完成一些与店铺运营相关的设计工作。

学习目标

※知识目标

1. 理解 VI 设计的概念、内容及基本原则。

2. 熟悉营销图的类型及不同构图方式的设计法则。

3. 熟悉店铺在不同终端首页与详情页的页面布局，掌握设计规范与制作方法。

※能力目标

1. 能够利用相关工具独立进行字体与标志的设计。

2. 能够利用相关工具完成商品主图、海报、广告图及活动图的设计与制作。

3. 能够利用相关工具完成店铺首页与详情页的设计。

4. 能够熟练进行手机端店铺的设计装修。

5. 能够完成 H5 页面素材以及微信公众号的视觉设计。

※素养目标

1. 具备爱岗敬业、精益求精的工匠精神，并能够将其运用到学习实践中。

2. 具备较强的沟通能力和良好的解决问题能力，能够在实际操作中迎难而上。

3. 具备规范精神，能够合法、合规地进行图形图像的设计与制作。

课前自学

扫描下方二维码获取本单元教学课件，完成单元任务预习。

VI 规范设计

营销图设计与制作

店铺首页设计

店铺详情页设计

手机端店铺设计

新媒体图文设计

思维导图

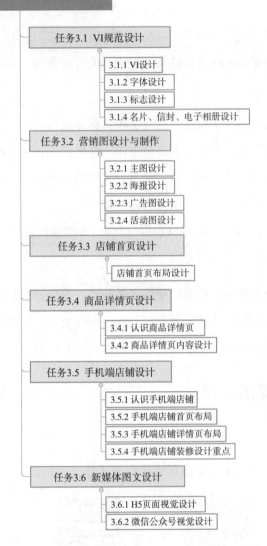

任务 3.1 VI 规范设计

任务分析

韩莉熟悉 Photoshop 中的各种工具，但是要掌握品牌设计的相关内容，还要系统地理解 VI 规范设计。在日常设计工作中，需明确以下几个问题。

1. 什么是 VI 设计？设计店铺 VI 时应该遵循什么规范？
2. VI 设计的基本原则有哪些？

任务目标

1. 了解 VI 设计的概念、规范及基本原则。
2. 熟悉字体设计的类型与设计方法，并能够举出相关案例。
3. 熟悉标志设计法则及设计理念。
4. 了解名片、信封、电子相册设计的基础理论知识。
5. 能够运用 Photoshop 工具进行简单的字体设计与标志设计。
6. 具备积极、主动的工作态度，认真对待并积极完成各项任务。
7. 具备较强的视觉审美与设计能力，能够设计出符合审美要求的图形图像。

知识储备

韩莉借助网络搜索工具，认真研究公司所提供的学习资料以及网络搜索资料，总结分析后，她梳理出了 VI 规范设计的体系化内容。

> ⑦ 微课视频
>
> 扫描下方二维码，进入与本任务相关的微课堂，进一步学习 VI 规范设计的相关知识。
>
>
>
> 设计 VI 规范

3.1.1 VI 设计

3.1.1.1 VI 设计的概念

VI 设计通常指企业形象设计，是视觉传达设计的重要组成部分。它的主要功能是通过视觉符号向消费者传达企业信息，在企业经营理念的指导下，通过平面设计等技术手段，将企业的内在气质和市场定位进行视觉化、形象化的设计。因此，VI 设计旨在将企业标志、标准字体、标准色充分运用于整个企业体系中，力求各设计要素与传达媒体的统一性，使企业的整体信息以统一的视觉形象传达给大众。

3.1.1.2　VI 设计规范

企业的发展离不开科学有效的 VI 设计规范，它可以帮助企业树立良好的形象，建立统一的视觉管理体系，完善企业对内、对外的传播架构，推动企业良性运转。例如，一些著名的跨国企业，如壳牌、通用、可口可乐、佳能等，均建立了一整套完善的企业形象识别系统。它们能够被大众熟知，很大程度得益于其科学有效的 VI 设计规范。为了更好地开展 VI 设计工作，韩莉从标志、标准字、标准色和辅助图形这 4 个方面对 VI 设计规范进行了总结和提炼。

（1）标志

标志（Logo）以特定的图形、文字的组合来代表某事物。一个优秀的标志不仅是企业的代表，还是传达企业精神、浓缩企业形象、展望企业发展的符号。可以说，标志把事物抽象的精神内容以具体可视的图形表达出来。在 VI 设计中，标志是较重要的部分，整个 VI 设计都是围绕标志来进行的。标志的构成要素有图形符号、标准字和标语等，这 3 个要素可能会单独出现，也可能两两结合，具体需要根据使用场景和品牌需求来确定。如图 3-1 所示的禁止吸烟标志就是由图形符号和标语组成的。

图 3-1　禁止吸烟标志

标志是品牌视觉系统中关键的要素，是品牌强有力的传播符号。品牌标志可以引发消费者对品牌关联属性的联想，从视觉上快速感受到品牌风格、倾向的类目和可能传递的情感，触发其对品牌的记忆。设计标志时，可以先使用情绪板（Mood Board）设定独特图形、颜色、图像或纹理，讲述品牌的定义和故事，再将其转化成专属于品牌的视觉语言，并建立品牌基调。

> ⁇ **小词典**
>
> 情绪板指一系列图像、文字、样品的拼贴，它是设计领域中常用的表达设计定义与方向的方法。对设计师而言，它是定义视觉风格和指导设计方向的依据；对团队而言，它是在团队之间传递设计灵感与设计思路的工具。它能使想法充分融合，从而深化设计。

（2）标准字

标准字（Logotype）本是印刷术语，意指将两个以上的文字铸成一体。从 VI 设计的角度来看，它泛指将某事物、某团体的形象或全名整理、组合成一个具有特殊形态的文字群。从企业经营策略的观点来看，标准字将企业的规模、性质和经营理念、精神等，通过文字的可读性、说明性等明确化的特性进行提炼，创造出具有独特风格的字体，以达到识别企业、塑造企业形象的目的，增强企业在消费市场中的信誉。

例如，中国银行的标准字运用了书法的形式，体现稳重感的同时不失视觉冲击力，如图3-2所示。谷歌和联想公司的标准字是比较简洁、现代的，不会让人产生过多的视觉负担，也提高了品牌的传播性，如图3-3所示。

图3-2　中国银行的标准字

(a)　　　　　　　　　(b)

图3-3　谷歌和联想公司的标准字

(a) 谷歌；(b) 联想

（3）标准色

标准色是企业VI系统的主要颜色，这些颜色代表了企业VI系统的主色调，包括标志色、辅助色和环境。确定恰当的标准色，不仅可以加强品牌在受众眼中的视觉印象，还可以提升品牌的吸引力，方便品牌的传播和应用。

> ？小词典
>
> 标志色是经过特别设计的、代表企业品牌标志的特殊颜色，一般为1~2种颜色，不宜超过3种。
>
> 辅助色是标志设计中起补充作用的色彩，它主要用于企业宣传和促销，能够使企业形象更加生动。
>
> 环境色指在各类光源（如日光、月光、灯光等）的照射下，环境所呈现的颜色。

色彩的魅力是因其本身具有视觉刺激、能引发人们强烈的生理和心理反应而带来的。在生活习惯、社会规范、宗教信仰、自然环境的影响下，人们看到某种色彩，就会条件反射地产生各种具体的联想和抽象的情感。例如，可口可乐公司的标准色是红色，它可以使人感受到青春洋溢、健康、欢乐的气息，如图3-4所示；泛美航空公司的标准色是天蓝色，其给予乘客快速、便捷、愉快的飞行印象等。标准色正是由于在视觉传达方面具有这种微妙力量，因此才成为当今企业VI系统中的基本要素。

图3-4 可口可乐公司的标准色是红色

✉ 经验之谈

不同的国家有不同的文化背景。不同国家的人，甚至不同年龄、性别、阶层、职业和兴趣爱好的人，对同一色彩的感受和好恶也各不相同。企业的标准色，应以最新色彩心理调查成果为依据，针对企业的经营理念及关系者群体来确定。只有当选定的标准色既符合色彩心理学的一般准则，又能准确表现企业的经营理念及商品特质时，才能达到利用色彩准确传达企业及其商品信息、强化企业形象、促进商品销售、提高企业竞争力的目的。

（4）辅助图形

辅助图形能配合主图标，让整个标志设计更加和谐且独具特色，它是 VI 系统中不可缺少的一部分，可以增加企业 VI 设计中其他要素在实际应用中的应用面，在传播媒介中可以丰富整体内容、强化企业形象。好的辅助图形可以保持品牌认知上的高度统一，例如阿迪达斯公司的 3 条纹辅助图形，在视觉上虽然很简单，但在球场、广告牌和服饰上都能以最显眼的方式呈现，如图 3-5 所示。

（a）　　　　　　　（b）

图3-5 阿迪达斯公司的 3 条纹辅助图形
（a）示意一；（b）示意二

除以上介绍的标志、标准字、标准色和辅助图形外，VI 设计规范还包括很多要素。有了这些要素，系统的 VI 设计规范才能组成一个独特的、易于传播的品牌视觉形象。

❓ 想一想

在 VI 设计规范中，除以上介绍的标志、标准字、标准色和辅助图形外，还包括哪些要素呢？试举例说明。

3.1.1.3　VI 设计的基本原则

（1）统一性原则

为达成企业形象对外传播的一致性与一贯性，应采用简化、统一、系列、组合、通用等手法对企业形象进行整合，将信息与认识个性化、明晰化、有序化，设计出能储存与传播的、统一的企业理念与视觉形象，这样才能集中强化企业形象，使信息传播更迅速、有效，给大众留下强烈的印象，扩大企业的影响力。

 经验之谈

下面介绍简化、统一、系列、组合、通用等手法的运用。

1. 简化

简化，即对设计内容进行提炼，使组织系统在满足推广需要的前提下，尽可能条理清晰，层次简明，优化系统结构。例如，在 VI 系统中，构成元素的组合结构必须化繁为简，这样才有利于标准的实行。

2. 统一

为了使信息传递具有一致性，便于社会大众接受，应该对造成品牌和企业形象不统一的因素加以调整。品牌、企业名称、商标名称应尽可能统一，给人以唯一的视听印象。

3. 系列

对设计对象组合要素的参数、形式、尺寸、结构进行合理的安排与规划。例如对企业形象战略中的广告、包装系统等进行系列化的处理，使其具有家族式的特征和鲜明的识别度。

4. 组合

将设计基本要素组合成通用的单元。例如在 VI 基础系统中将标志、标准字或辅助图形、企业造型等组合成不同的形式单元，使其可灵活运用于不同的应用系统。也可以规定一些禁止使用的组合，以保证传播的统一性。

5. 通用

设计必须具有良好的适应性，例如标志不会因缩小、放大而产生视觉上的偏差，线条之间的比例必须适度，如果太紧密，则会造成缩小后糊为一片。要保证大到户外广告，小到名片均有良好的识别效果。

（2）差异性原则

个性化的、与众不同的企业形象通常更容易获得社会大众的认同，可以说，差异性原则是十分重要的。差异性首先表现在不同行业的区分上。不同行业的企业有其行业的形象特征，设计师在设计时，必须突出行业特征，这样才能使其与其他行业有不同的形象特征，从而有利于社会大众识别并认同。必须突出与同行业其他企业的差别，这样才能使其独具风采，脱颖而出。

（3）有效性原则

有效性是指企业策划与设计的 VI 规范能够有效推行运用，这里更加强调的是 VI 设计的可操作性。想要使企业 VI 设计发挥树立良好企业形象的作用，设计师在策划设计时就必须结合企业自身的情况与企业的市场营销地位，确立准确的形象定位，然后以此定位为基础，进行规划设计。

（4）审美性原则

优秀的 VI 设计应具有强烈的视觉冲击力，且形式完美、装饰性强、创意独特，令人赏心悦目，能够让人在愉悦的欣赏中牢记其品牌含义。具有审美价值的 VI 设计更贴近人们的生活，有强烈的亲和力。

3.1.2 字体设计

字体设计作为一种电子商务视觉呈现手段，以及电子商务设计相关专业人员的必备技能，对视觉美感的呈现有着至关重要的作用。字体设计作为一种运用装饰手法美化文字的艺术，被运用在各类平面视觉传达体系中。

> ⑦ 想一想
>
> 字体设计已被运用在各类平面视觉传达体系中。那么，品牌 VI 设计中的字体设计有哪几种类型呢？其作用是什么？

3.1.2.1 字体设计的类型

（1）书法标准字体

书法标准字体是相对标准印刷字体而言的，其设计形式可分为两种：一种是针对名人题字进行调整编排的字体，如中国银行（如图 3-6 所示）、中国农业银行的标准字体；另一种是设计书法或装饰性的书法体（如图 3-7 所示），这种字体大多是为了突出视觉个性，以书法技巧为基础而设计的，介于书法和描绘之间。

　　　　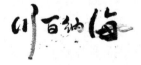

图 3-6　书法标准字体　　　　图 3-7　装饰性的书法体

（2）装饰标准字体

装饰标准字体是在基本字形的基础上进行装饰、变化而形成的。它的特征是在一定程度上摆脱了印刷字体的字形和笔画的约束，根据品牌或企业经营性质的需要进行设计，从而达到加强文字的精神含义和富于感染力的目的。

装饰标准字体具有美观大方、便于阅读和识别、应用范围广等优点。海尔、格力公司的中文标准字体就属于装饰标准字体，如图3-8所示。

（a）　　　　　　　　　　　　　　（b）

图3-8　装饰标准字体

（a）格力；（b）海尔

（3）英文标准字体

企业名称和品牌标准字体的设计，一般可采用中、英文两种文字，以便与国际接轨。英文标准字体的设计和中文标准字体的设计一样，也可分为两种基本字体，即装饰体和书法体，图3-8中的格力的英文标准字体为装饰体，而海尔的英文标准字体为书法体。

 拓展阅读

字体设计要点

1. 不可挑战用户的阅读习惯

文字组合的目的是增强其视觉传达功能，赋予审美情感，引导读者有兴趣地进行阅读。用户的一般阅读顺序为自上而下、自左向右，但也有特殊情况，例如书法、古文都是自右向左阅读的。现在为了方便，在设计中已经对其进行了调整。

2. 字体要易读、易识别

字体样式的可读性就是指用户能够简易、顺畅地读取文字内容，而字体样式可辨识度是指用户能够轻松了解文字的意思。例如，名片上的文字，设计易读、易鉴别的VI字体，会更容易受到客户青睐。

3. 注意字体的外形特征

不同的字体具有不同的视觉效果。在组合时，要根据不同字体视觉动向上的差异，进行不同的组合处理。合理运用文字的视觉动向感，有利于突出设计的主题，引导观众的视线按主次和轻重流动。

4. 注意字体整体风格统一

要从大小、方向、明暗度等方面选择既有对比又协调的因素。在服从表达主题的同时，有分寸地运用这些因素，获得具有视觉审美价值的文字组合效果。

3.1.2.2 常见的字体设计方法

字体设计是在标准字体基础上，依据文字内容进行装饰、变化、重组，摆脱原有字形和笔画的束缚，使之不仅具有文字信息传达功能，而且具有图形的视觉传达功能。总体上来说，字体设计可以从形象化、意象化、装饰化、立体化及传统创意这 5 个维度来进行。

（1）形象化设计

形象化设计是根据文字的含义添加具体形象，运用这种方法将文字与图形结合，形象地表达字义。这样不仅增加了文字的直观性、趣味性，而且能获得很好的视觉效果，可以给人留下深刻的印象。

在进行形象化设计时，要注意具体形象在文字中的位置及图形与文字之间的关系，以不影响文字的完整性、可识别性为前提，起到加强字体表现力的作用。形象的应用要避免生搬硬套或简单图形化，以免造成字体格调平庸。常见的形象化设计方法包括替换法和具象表达法，如图 3-9 和图 3-10 所示。

图 3-9 替换法

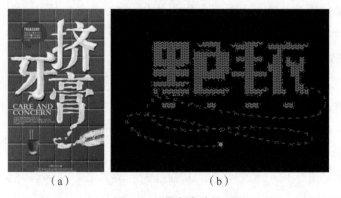

（a）　　　　　　　　（b）

图 3-10 具象表达法

（a）挤牙膏；（b）黑色毛衣

（2）意象化设计

意象化设计也可称为寓意变化的字体设计，具体指依据文字的意义，将文字笔画做巧妙而简洁的变化，从而表达出文字的内涵。它以强调典型特征或隐喻的方法对文字加以艺术处理，将文字内涵与外在形式巧妙地融为一体，带给人无穷的回味。

意象化设计通常将文字笔画横、竖、点、撇、捺、提、钩等偏旁与结构做巧妙的变化，于平淡之中见神奇，使内容与形式达到和谐统一。常用的意象化设计方法包括象征法和结构转变法，如图 3-11 和图 3-12 所示。

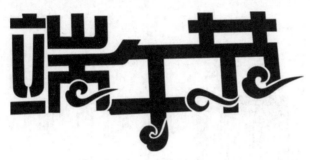

图 3-11　象征法

图 3-12　结构转变法

（3）装饰化设计

装饰化设计是依据字义与设计要求，通过修饰和增加附加纹样，使文字突破单纯抽象线条的样式，使之整体结构更加丰满、多变，具有艺术趣味性，显示出字体的诗情画意。装饰化设计的表现手法有很多，包括笔画共用法、断笔法、连笔法、装饰法、拉长法等，分别如图 3-13~图 3-17 所示。

图 3-13　笔画共用法

图 3-14　断笔法

（a）

（b）

图 3-15　连笔法

（a）示意一；（b）示意二

图 3-16　装饰法

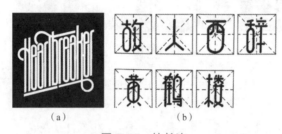

（a）　　　　　　　（b）

图 3-17　拉长法

（a）示意一；（b）示意二

（4）立体化设计

立体化设计打破了二维空间局限，通过各种立体化的设计方法，赋予字体三维立体效果，呈现出新颖独特的艺术魅力。

空间字体的表现方法不是简单地把文字立体化，而是让文字处于三维空间里，把空间结构设计和文字设计联系在一起，注重空间和构成的关系，注重艺术性体现。这种表现手法具有很强的表现力，但在绘制上比较复杂。常用的立体化设计方法包括空间法和浮雕法，如图 3-18 和图 3-19 所示。

（a）

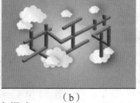

（b）

图 3-18　空间法

（a）圣诞节；（b）女王节

图 3-19　浮雕法

（5）传统创意设计

传统创意设计是指用毛笔或其他笔写成的、具有书法意味的文字设计。每种书法都有自己不同的风格特征，对传统创意设计具有重要的借鉴作用。

在当今的商业设计中，书法字的应用很广泛。分析其原因，每个设计师都有自己的风格，不同的设计师对同一个商品名称，可设计出风格不同的书法字；而同一个设计师对不同的商品名称，也可设计出风格不同的书法字，这样就丰富了书法字的样式。传统创意设计如图3-20所示。

图3-20　传统创意设计

3.1.3　标志设计

3.1.3.1　标志设计法则

标志设计并不是越复杂越好，而是需要在自身品牌与消费者心理二者之间找到平衡，设计者在进行标志设计时，需要遵循以下设计法则。

（1）简洁明了

对于企业来说，简洁明了的品牌标志能让用户快速记住。众所周知，知名运动品牌——耐克的标志就很简单，它既像一个小钩子，也像一只翅膀，如图3-21所示。简单的造型也符合耐克这一运动品牌的理念，即穿上它就像羽毛一样轻盈。苹果公司的标志也很简单，是一个被咬掉一口的苹果，如图3-22所示。提到苹果，人们会想到牛顿发现万有引力。在《圣经》中，亚当和夏娃也是因为吃了苹果才拥有了智慧，这都与苹果公司的理念相关。

图3-21　耐克的品牌标志

图3-22　苹果公司的标志

（2）与业务相关

设计企业标志的目的是推广品牌，因此设计需要紧紧依托于业务，主要可以分为以下3个方面：与行业相关、与定位人群相关和与企业气质相关。

1）与行业相关。一些标志在设计时会包含一些行业元素，例如康师傅是专门做方便食品的品牌，它的标志就是一个举着手的厨师，如图 3-23 所示。

2）与定位人群相关。标志设计中应包含消费定位人群的相关信息，例如巧虎是为学前儿童提供早教商品的品牌，所以它的标志就是一个卡通的小老虎形象，如图 3-24 所示。

图 3-23　与行业相关的品牌标志　　　　图 3-24　与定位人群相关的品牌标志

3）与企业气质相关。企业有其独特的气质内涵和文化轨迹，例如同仁堂作为全国著名老字号中医品牌，其标志采用印章形式，展现了品牌的悠久历史和深厚文化积淀，如图 3-25 所示。

（3）追求独特

标志的设计要体现出其独特性，以便与其他同类企业区分开。例如，蜜雪冰城的标志是一个拿着冰激凌权杖的雪人，如图 3-26 所示。该标志用雪人代表冰雪欢乐的世界，雪人是冰雪世界中不可缺少的存在，也是冰雪世界里的王。该标志从形象上进行了升级，使品牌人格化画像更具象，让品牌形象更深入人心。品牌名和标志形象的高度一致性成为这一品牌形象的特色。

图 3-25　与企业气质相关的品牌标志　　　　图 3-26　独特的品牌标志

（4）具有适用性

标志一旦设计成功，申请版权之后，企业将会一直使用下去，不会随意改动。设计者在设计时，需要考虑时代变迁的因素，让标志具有更长久的适用性。

 企业小课堂

喜茶的标志设计理念

喜茶的标志是一个简单的黑白简笔画形象，即一个人正在喝一杯茶，如图3-27所示。该标志以货币人头像为基础，希望消费者看见这个标志时，能够像看见自己一样，引起消费者的共鸣。

创始人表示，喜茶的标志创意主要来自他儿时酷爱的古希腊、古罗马货币。那些货币上的人物都是一张侧脸。有趣的是，因为人类的侧脸都差不多，所以很难区分出他们。可以说，侧脸给人一种"永恒"的感觉。

图3-27　喜茶的标志

喜茶标志中的小人没有肤色，就是一个人类共同的形象，所以这其实是一个中性的人物，喜茶也是一个中性的品牌，因为喜茶想赢得所有人，而不是单一性别的客户的喜爱。

创始人一直坚持一个品牌逻辑：越底层的越持久。他希望标志是经典的，即使过了上百年，社会审美和今天完全不同了，人们也不会觉得它丑。因此，喜茶的标志也非常的"素"，没有性别，没有故事，只有闭目享受一杯奶茶的过程，就像火柴人一样，只是一个代表人物的形象。

? 想一想

网店标志的含义和作用是什么？设计者在进行标志设计时，需要遵循怎样的设计法则？

3.1.3.2　标志设计理念

在设计标志之前，需要通过调研分析、挖掘要素来确定设计理念。

（1）调研分析

标志不仅是图形或文字的组合，还是企业结构、行业类别、经营理念、应用环境等的体现。这就要求设计者在设计标志之前，应对企业进行全面了解，包括经营战略、市场分析、竞争环境分析、领导人的意愿等。

(2) 挖掘要素

基于调研分析，设计者需要提炼出标志的结构类型、色彩取向、图形元素、展现特点和精神等，从而找出设计的方向，有目的地组合文字图形，最终确定标志的设计理念，得到满意的效果。

 文化小课堂

五星红旗的设计理念

大家知道五星红旗的设计者和设计理念吗？五星红旗的设计者是从事财务工作

的爱国人士曾联松。1949 年 7 月，各大报纸刊发征集国旗图案的通知后，曾联松便开始了设计工作，最终，他设计的国旗脱颖而出，被确定为新中国的国旗，如图 3-28 所示。

曾联松设计的国旗的旗面呈长方形，五星的排布呈椭圆形，二者均向左、右舒展，取势协调，椭圆形作为一个整体，给人团聚、完整、饱满的感受。

图 3-28　中华人民共和国国旗

为了体现视觉上的开阔感，曾联松把五星放在旗面的左上方，旗面犹如千里之广，金星居高临下，光彩闪耀，使人仿佛看到了星光映照大地，灿烂辉煌的场景。五颗金星的结合，大小呼应，疏密相间，既表现了中国地理特征，也显得平稳和谐，明朗而有气势。

为了突出全国人民紧密地团结在伟大的中国共产党周围这一特征，曾联松设计了每颗小星的中心点都通过一个星尖，跟大星的中心点连成一线，把"中国共产党是全国人民的领导核心"这一点显示出来。

国旗在配色上以红色为主，似红霞满天。红色为暖色，能表达热烈的感情，象征革命，如革命的积极斗争行为。金星为黄色，灿烂辉煌，一片光明。黄色也是暖色，能表达优美、温和、珍贵的意象。因此，我们看到黄色的五星，便有金光闪闪的感受。这就是曾联松当年设计构思的基本理念。

国旗代表国家的尊严，象征着国家的主权，是国家的主要标志之一。因此，每个爱国的人都应该尊重和爱护国旗。

3.1.4　名片、信封、电子相册设计

3.1.4.1　名片设计

名片又称卡片，中国古代称为"名刺"，是标示姓名及其所属组织、公司单位和

联系方法的纸片。目前，随着计算机技术的迅猛发展，电子化的名片变得越来越流行。运用现代数字信息技术、数字多媒体合成技术，将文字、图片、视频、声音等信息进行整合，以数字化形态介绍政府、企业、单位及个人的多媒体名片是数字信息时代的产物。

根据呈现形式，现在常见的名片可分为二维码名片与电子名片两种。

（1）二维码名片

顾名思义，二维码名片就是把传统纸质名片和二维码相结合，名片上不仅包含姓名、电话、职务、邮箱、地址等信息，还印上了二维码，如图3-29所示。用户通过手机扫描二维码，读取其中的信息，可以了解企业官网、个人主页、个人店铺等内容。这种名片需要双方面对面交换，是新朋友互相认识、自我介绍的有效方法。

图3-29　二维码名片

（2）电子名片

电子名片随着移动互联网的出现而出现，随着微信等社交软件的普及而普及。它运用现代化高科技手段，融入视频和声音等多媒体元素，把企事业单位的文字、图片、视频、声音等多媒体宣传资料，整合成一种自动播放的多媒体文件，如图3-30所示。它是名片和企业宣传画册的结合体，其应用范围比传统纸质名片更广泛。电子名片基本上是基于微信平台开发的，它基于微信的流量，可以在微信群、朋友圈、个人微信、企业微信中无限制转发并分享，它的传播与裂变是纸质名片无法比拟的。

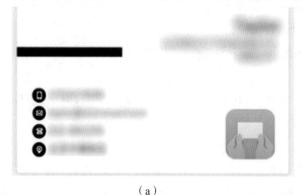

（a）

单击名片码放大，查看名片码预览图

（b）

图3-30　电子名片

（a）示意一；（b）示意二

 拓展阅读

图底关系

名片在设计上要讲究其艺术性，但它同艺术作品又有明显的区别。它不像其他艺术作品那样具有很高的审美价值，可以欣赏、玩味，它更追求便于记忆的功能性，具有更强的识别性，让人在最短的时间内获得所需要的信息。因此，名片设计必须做到"简""功""易"。

所谓"简"，即名片传递的主要信息要简明清楚，构图完整明确；所谓"功"，即注意质量、功效，尽可能使传递的信息明确；所谓"易"，即便于记忆，易于识别。

3.1.4.2 信封设计

信封是用于邮递信件的封套，一般被做成长方形，采用 80~150 克的双胶纸或牛皮纸制作，也可根据不同的用途选用艺术纸或铜版纸。

信封必须严格按照国家标准（GB/T 1416—2021）的要求来设计和制作。设计信封时，需要注意以下问题。

1）信封一律采用横式，信封的封舌应在信封正面的右边或上边，国际信封的封舌应在信封正面的上边。

> ⑦ 小词典
>
> 封舌即信封上预留的、用于封口的部分。

2）信封正面左上角距左边 90 毫米、距上边 26 毫米的范围内为机器阅读扫描区，除红框外，不得印刷任何图案和文字。

3）信封正面右下角应印有"邮政编码"字样，字体应采用宋体，字号为小四号。

4）信封正面右上角应印有贴邮票的框格，"贴邮票处"字体应采用宋体，字号为小四号。

5）信封背面的右下角应印有印刷单位、数量、出厂日期、监制单位和监制证号等内容，字体与字号应采用宋体，五号以下。

6）凡需在信封上印制单位名称、地址及企业标志的，其位置必须在离底边 20 毫米以上靠右边的位置。

7）信封正面离右边 55~160 毫米、离底边 20 毫米以下的区域为条码打印区，应保持空白。

8）信封任何地方不得印广告。

9）信封上可以印美术图案，位置在信封正面离上边 26 毫米以下的左边区域，占用面积不得超过正面面积的 18%，超出美术图案区的区域应保持信封用纸原色。

10）B6、DL、ZL 号国内信封应选用不低于 80 克/平方米的 B 等信封用纸Ⅰ、Ⅱ型；

C5、C4 号国内信封应选用不低于 100 克/平方米的 B 等信封用纸Ⅰ、Ⅱ型；国际信封应选用不低于 100 克/平方米的 A 等信封用纸Ⅰ、Ⅱ型。

严格按照信封标准来设计信封，有助于进一步维护广大用户的合法权益，保障通信信息的安全和传递时限，更好地满足社会的用邮需要。

 文化小课堂

中国古代拜帖文化

拜帖是拜访别人时所用的名帖，是古代官员交际时不可缺少的工具。拜帖的种类有很多，有拜师帖、婚帖（也称龙凤帖）、拜年帖（相当于贺年卡）等，其作用与现在的名片、请柬类似，它是一种对身份的认可。

拜帖起源于汉代，当时是在削平的木条上呈写姓名、里居等，因此又称"名刺"。造纸术发明以后，拜帖材料渐渐被纸所取代。关于"拜帖"一说，最早见于明代张萱所著的《疑耀·卷四·拜帖不古》："古人书启来往及姓名相通，皆以竹木为之，所为刺也……今之拜帖用纸，盖起于熙宁也。"明代"拜帖"还有一说，即只有当过翰林者才有权用红纸，写大字。明代进士初及第者只是在元旦或贺寿时用红色的拜帖，而地位尊贵者平时即可用红色名帖，如图 3-31 所示。

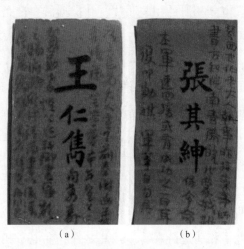

（a）　　　　　（b）

图 3-31　红色名帖

（a）示意一；（b）示意二

到了清代，只要是生员（秀才）以上者，就可以使用红色拜帖，以至于普通的读书人也都使用起红色名帖。名帖上所书名字要大，名字大表示谦恭，名字小会被视为狂傲。到了民国，拜帖逐渐变小，颜色也由红色变成了白色，上面只写姓名、职务、籍贯等最基本的信息，类似于现在的名片，很少再写客套话了。

3.1.4.3 电子相册设计

如今，随着互联网的发展，电子相册逐渐替代了传统纸质相册。它是可以在电子设备上观赏的、区别于 CD 或 VCD 的储存图像的载体，其内容并不局限于照片，也包括各种艺术创作图片。比起传统纸质相册，电子相册可被随意修改、编辑，还可以被永久保存。

？想一想

目前国内外的电子相册繁多，用不同的软件制作出的电子相册也有所不同。那么，常见的电子相册设计软件有哪些呢？

在设计与制作电子相册前，需要先做好前期的准备工作，具体如下。

（1）策划设计

先确定相册主题，然后按照主题设计蓝图，主要明确照片、背景图案、音乐，以及照片的说明文字和排列位置等。

（2）建立素材库

整理并保存需要放入电子相册的相关照片，并根据需要准备相关的文案、音频等素材。如果是实体照片，可通过扫描仪将其扫描成数码影像，存入文件夹备用。

（3）编辑素材文件

对一些拍摄不理想的照片进行编辑处理，设计者可以使用 Photoshop 对照片进行裁剪、变形、色彩平衡等加工处理，使照片看起来更加精美，达到传递特殊情感的目的。另外，设计者还可利用 Photoshop 中的各类工具制作文字特效，添加照片标题。将所有处理好的图片放在一个对应的目录中。

（4）制作电子相册

选择合适的电子相册制作平台，平台上一般会提供很多模板，可以选用心仪的模板将处理后的图片制作成电子相册进行观看。除此之外，在电子相册制作平台上，还可以根据自身需求给相册加入动画、超链接等，效果会更佳。

？练一练

参考知识储备中的内容，任选一款电子相册设计软件，制作一个同学录电子相册，要求如下。

1. 按照"策划→建立素材库→编辑素材文件→制作"这一步骤展开设计。

2. 可根据需求给电子相册添加动画、超链接等。

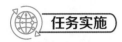

任务实施

（一）字体设计

字体设计是美工人员在进行各类设计过程中常常用到的一种技能，灵活的字体设计能够提升图像的视觉冲击力，激发用户的浏览欲望。

在进行字体设计时，不仅需要对文字工具及图层样式等有较深入的认识，还需要对字体设计的类型、方法、注意要点等基础内容进行深入了解，这样才有可能制作出更丰富、炫彩的文字效果。下面介绍为某水果店铺设计文字标志的操作步骤。

📄 **课堂案例——文字标志"鲜果坊"的设计**

【案例教学目标】学习使用 Photoshop 进行字体设计。

【案例知识要点】使用横排文字工具输入文字"鲜果坊"，使用魔棒工具删除文字背景，使用选区工具或钢笔工具剪切文字，使用椭圆工具、钢笔工具等设计文字，效果如图 3-32 所示。

图 3-32　"文字标志""鲜果坊"的设计

扫码查看操作方法

字体设计

（二）店标设计

店铺的店标相当于现实生活中店铺的招牌，是传递店铺综合信息的媒介，一个独一无二、有创意的店标可以让店铺从众多竞争者中脱颖而出，让品牌感更加强烈。在 Photoshop 中制作店标，其主题可以通过不同的方式来表现，需要对各类形状工具及图层样式的使用有较完整的认知，这样才能制作出理想的效果。下面介绍为某水果店铺设计店标的操作步骤。

📄 **课堂案例——水果店铺店标的设计**

【案例教学目标】学习使用 Photoshop 进行店标设计。

【案例知识要点】使用圆形工具绘制圆形，使用钢笔工具绘制树叶与胡子形状，使用横排文字工具添加文案，效果如图 3-33 所示。

扫码查看操作方法

Logo 设计

Mr.xian
鲜果坊

图 3-33　水果店铺店标的设计

经验之谈

　　淘宝平台店标设计要求如下：天猫平台规定，店铺的标志格式应该为 GIF、JPG、JPEG、PNG，文件大小要控制在 80 KB 以内，建议设计尺寸为 80 像素×80 像素；若制作动态图标，则要下载相关的 GIF 设计软件。

练一练

　　参考上述案例步骤，并结合所学知识，分别使用圆形工具、钢笔工具、横排文字工具等进行店铺的标志设计，要求如下。

　　1. 学生可以自由分组，各组可选择不同类别的店铺进行标志设计。

　　2. 店铺类别可包括女装、男装、鞋包类、数码电器类、运动户外类、母婴幼儿类、食品类、保健类、美妆类等。

任务评价

　　基于学生在本任务中学习、探究、训练的课堂表现及完成结果，参照表 3-1 的考核内容进行评分，每条考核内容分值为 10 分，学生总得分 = 30%学生自评得分 + 70%教师评价得分。

表 3-1　考核内容及评分

类别	考核项目	考核内容及要求	学生自评（30%）	教师评价（70%）
技术考评	质量	了解并能叙述出 VI 设计的概念、规范以及基本原则		
		熟悉字体设计的类型与设计方法，并能够举出相关案例		
		熟知标志设计法则及设计理念		
		了解并能熟练叙述出名片、信封、电子相册设计的基础理论知识		
		具备较强的视觉审美与设计能力，能够运用 Photoshop 设计出符合审美要求的字体与标志图像		
非技术考评	态度	学习态度认真、细致、严谨，讨论积极，踊跃发言		
	纪律	遵守纪律，无无故缺勤、迟到、早退现象		
	协作	小组成员间合作紧密，能互帮互助		
	文明	合规操作，不违背平台规则、要求		
总计				
存在的问题		解决问题的方法		

自我提升与检测

问题 1：什么是 VI 设计？VI 设计规范有哪些？

_____

_____

问题 2：VI 设计的基本原则是什么？

_____

_____

_____

图形图像商业应用案例实战

单元 3

问题 3：VI 字体设计有哪几种类型？

_____

_____

_____

问题 4：标志设计需要遵循怎样的设计法则？

_____

_____

_____

问题 5：什么是名片、信封、电子相册设计？

_____

_____

_____

任务 3.2 营销图设计与制作

任务分析

系统地理解了设计 VI 的规范后，韩莉就要着手完成设计师分配给自己的店铺营销图设计与制作任务了。在操作之前，她需要提前做好以下准备工作。

1. 硬件：一台内存在 8 GB 以上、CPU 是酷睿 i5 或锐龙 Ryzen 5 及以上产品的计算机。
2. 软件：Photoshop CC 2020。
3. 素材：获取课堂案例相关素材。
4. 知识：熟悉 Photoshop 中油漆桶、选框、文字、抠图等相关工具。

任务目标

1. 熟悉商品主图的类型及构图方式，并能独立完成不同类型主图的设计与制作。
2. 了解海报设计原则及设计思路，并能利用 Photoshop 完成海报的设计与制作。
3. 熟知广告图的设计要点、设计要素及设计策略，并能完成店铺广告图或新媒体推广图的设计与制作。
4. 了解活动图的设计准则与设计要素，并能独立进行活动图的设计。
5. 具备积极主动的工作态度及较强的视觉审美与设计能力，能够设计出符合店铺运营要求的图片。
6. 具备良好的心理素质，能够在具体的操作中做到耐心、细心。

知识储备

韩莉对设计师交给自己的任务进行了分类，发现大多数店铺的营销图可以分为主图、海报、广告图、活动图 4 类。为了提高自己的设计水平，她计划从商品主图的类型与构图方式、海报设计原则及设计思路、广告图的设计要点及设计策略、活动图的设计准则与设计要素等方面进行系统梳理。

> ⑦ 微课视频
>
> 扫描下方二维码，进入与本任务相关的微课堂，进一步学习构图与设计的相关知识。
>
>
>
> 构图与设计

3.2.1 主图设计

一张好的商品主图，能将明确的商品服务信息、鲜明的商品主题以及准确的营销信息传达给消费者。主图设计的好坏会严重影响消费者对商品的关注度和点击率，因此，商品主图的设计在店铺整体设计中非常重要。

⟨?⟩ 想一想

美工人员在拿到摄影师拍摄的产品照片后，需要做好哪些准备才可以设计出优秀的产品主图？

3.2.1.1 商品主图的类型

商品主图是在电子商务平台的商品搜索页面和商品详情页面中展示商品整体样貌的图片。根据主图的设计排版和图片展示效果，商品主图的类型可分为以下几种。

（1）品牌感主图

品牌感主图是在简约、干净的白底上放置商品和品牌标志的商品图，如图 3-34 所示。这种类型的主图的特点是能够体现出商品本身的质感，设计时主要运用了参考线、图层样式等。这类主图更侧重于展示商品独一无二的品牌标志，从而得到消费者的认可与信赖。

（2）简约型主图

简约型主图主要是通过块状的排版方式，设计文案、商品的展现逻辑，以吸引消费者的注意。在设计过程中，一般会运用参考线工具、矩形工具、横排文字工具等。这种类型的主图带给消费者一种清新、简洁的感觉，整个画面十分干净，在设计时奉行极简主义，将设计的元素、色彩、道具等进行简化，达到以简胜繁的效果，如图 3-35 所示。

图 3-34 品牌感主图

图 3-35 简约型主图

（3）场景化主图

场景化主图的特点是将商品与消费场景充分融合，在添加商品素材前，对素材进行调色、修图，并搭配一些文案信息，从而引起消费者的联想与共鸣，如图 3-36 所示。这种类型的主图设计通常会用到参考线工具、矩形工具、横排文字工具等。

（4）营销型主图

营销型主图往往会在背景图中凸显商品的功能、特点，借助醒目的营销文案带给消费者强烈的视觉冲击力，从而刺激消费者的购买欲望，其侧重凸显商品的营销元素，如文案、色彩、商品等，如图 3-37 所示。

图 3-36　场景化主图

图 3-37　营销型主图

3.2.1.2　主图构图方式

目前，常见的主图构图方式有以下几种。

（1）对角线构图法

对角线构图法就是在画面的两个对角间连一条线，可以是直线、曲线，也可以是折线等，随后将画面中的元素沿着这条对角线进行分布，或者将画面中的元素分布在对角线两端，互相呼应，呈现出对称平衡的状态，既具有对称的秩序性和工整性，又能打破呆板的布局，令版面生动、活泼。这种构图方式容易产生线条的汇聚趋势，吸引消费者的视线，达到突出主体的效果，如图 3-38 所示。

（2）中心对称构图法

中心对称构图法又称中央构图法，它是将画面的主体放在画面的正中间，当主体位于中心部位的时候，人的视线就会不自觉地集中在这个点上。这种构图方式主要用于主图的标准化展示，可以突出商品特性，吸引消费者的注意，如图 3-39 所示。

图 3-38 对角线构图法

图 3-39 中心对称构图法

（3）九宫格构图法

九宫格构图法也可以称为"井"字构图法，它是通过分格的形式，把画面的上、下、左、右 4 个边平均分成 3 份，然后用直线把对应的点连接起来，使画面中形成一个"井"字，"井"字的这 4 条线可以称为黄金分割线。利用这种构图方式，可以有效控制画面主体位置及主体与环境的关系，从而使画面更加自然、和谐、生动。如图 3-40 所示就是典型的用九宫格构图法设计的商品图，图中重点突出左下角的夏威夷果仁，将人们的注意力吸引到剥了壳的夏威夷果仁上，巧妙地突出了主体。

（4）辐射式构图法

辐射式构图法是以需要拍摄的商品主体为核心，其他商品向四周扩散的一种构图方式，或者是在拍摄时，将商品按照向四周扩散的方式进行摆放。这种构图方式能够鲜明地突出拍摄主体，有一种凝聚力与向心力，让商品更受消费者的关注，常用来拍摄一些需要突出主体而又复杂的场景，如图 3-41 所示。

图 3-40 九宫格构图法

图 3-41 辐射式构图法

（5）三角形构图法

三角形构图法是将商品以三角形为基本框架进行摆放，将商品摆放到三角形区域内的构图方式。这种三角形可以是正三角，也可以是斜三角或倒三角。三角形构图法的优点在于，它可以形成一个稳定的整体区域，图片能很好地表现出视觉中心，不至于太散乱，如图3-42所示。

图3-42　三角形构图法

除以上介绍的几种构图方式之外，还有垂直线构图法、三分构图法、环形构图法、水平线构图法、紧凑式构图法等，感兴趣的读者可以自行探究。

3.2.2　海报设计

3.2.2.1　海报设计原则

海报主要由文案和商品构成，海报设计的目的是通过舒适、有趣的方式，向消费者准确、清晰地传达信息。在海报设计过程中，需要遵守以下基本原则。

（1）主次分明，中心突出

在进行页面布局时，必须考虑视觉中心，这个中心一般为海报的中心点或中心点偏上的部分。海报的中心位置可安排重要的商品或信息，视觉中心以外的区域则可安排一些稍次要的内容，使主次分明，中心突出。

📧 经验之谈

在设计海报标题时，层级是一个重要的考虑因素。通过对标题的排版进行设计，能使海报主题更加突出和易读，有助于引起观众的兴趣。一般来讲，标题的层级越多，排版设计的难度就越大。设计海报时，应根据海报上不同的标题层级的数量，有针对性地进行排版设计。

二级标题：由两个相关的文案构成，即主标题和副标题（或文案）。排版的目的在于改变两个标题之间的关系，分出主次，所以主标题可通过放大、加粗、改变文字颜色等进行凸显，副标题（或文案）由于是次要内容，所以可通过缩小、变细字体、添加边框、添加线条等方式展示，让二者的对比更加明显。二级标题示例如图3-43所示，图3-43（a）选用中英文对照的方式进行排版，图3-43（b）采用设置文字属性的方式进行排版。

（a）　　　　　　　　　　　（b）

图3-43　二级标题示例

（a）中英文对照的排版方式；（b）设置文字属性的排版方式

三级标题：由3个相关的文案组成，这3个文案之间必须有非常清晰的层次感，可分出主标题、副标题和文案3个层级，主、副标题可采用二级标题的排版方式进行排版，文案可采用色块、字体大小和粗细设置来表现，如图3-44所示。

图 3-44　三级标题示例

四级标题：由4个相关的文案组成，这4个文案之间是层层递进的关系，通过层级设计，凸显海报的主题，传递核心信息，如图3-45所示。

图 3-45　四级标题示例

无论多少级标题，在排版上都可借助字体大小、粗细、样式、颜色、空间布局等方式进行差异化设计，从而增加海报设计的层次感与视觉吸引力。

（2）大小搭配，相互呼应

在展现多个商品时，要按照商品大小将其排列得错落有致，在排列过程中，要避免整个页面的重心偏移，商品之间要相互呼应，避免杂乱。

（3）简洁一致

海报的设计需要保持页面的简洁与一致。在实际操作中，要想实现这一效果，常用的方法是制作醒目的标题，并通过字间距和行间距来制造留白。在色彩的运用上，可采用对比或相近的手法，如黑色与白色搭配，或者灰色和白色搭配，在视觉上形成一种简洁、干净的效果。

（4）图文并茂

在页面布局过程中，文字与图片的搭配要有视觉互补性。在海报设计中，使用丰富的图片配以简洁的文字，会使整个页面内容更丰富，更富有想象力；反之，文字内容过多而缺乏图片，则会使整个页面过于沉闷，缺乏活力。

3.2.2.2　海报设计思路

（1）了解海报设计的目的

在设计海报之前，首先需要了解海报设计的意图，即该海报是用来干什么的。例如，是针对某一节日所做的专题活动海报，还是为某一商品促销、打折所做的促销海报。

（2）确定海报的风格

海报的风格可以根据商品来确定，如商品属性、商品功能等。如果商品没有特定的风格属性，也可以根据对应的消费人群、季节、节日或特定的主题活动等来确定。

（3）收集商品和素材

海报是文字与图片的集合，在制作之前，设计师需要根据海报的设计目的和确定的海报风格，搜集和准备所用的设计素材，包括图片、装饰、文字与背景等。

（4）确定版式

版式即海报的排版方式，整个页面的排版方式的确定有助于后期快速设计。常见的海报版式有中心式、左右分割式、上下分割式和对角线式，具体的版式可以根据设计师提炼的商品文案，结合实际商品和搜集的素材来确定。

（5）确定配色方案

在选择配色时，可以在商品上提取色彩，也可以延续店铺的常用色彩，还可以根据商品的特色、店铺的风格、特定的活动主题等选择一个色系作为海报的配色。在选择配色方案时，颜色不宜过多，一般不应超过3种。

（6）选择合适的字体

文字可以将海报上的信息准确地传达给消费者，吸引消费者的注意力。字体选择一般不超过3种，选择的字体要符合商品的定位和海报的主题。

（7）调整海报整体排版

根据选择的商品图片、素材、文案等，在已确定的版式的基础上调整海报的排版布局。

（8）修改定稿

将制作好的初稿输出为JPG格式，同时保留源文件，以方便后期进行修改，若不符合要求，可以进行局部优化，直至定稿为止。

> ? 想一想
>
> 　海报内容设计的创新是解决网店同质化设计问题的关键。那么，海报的设计创意一般围绕哪几个方面展开？

中国海报设计艺术风格发展史

"海报"一词最早源于上海，原指戏剧、电影等演出或球赛等活动的招贴画。现在，它已经变为向广大群众报道或介绍有关戏剧、电影、体育比赛、文艺演出、报告会等消息的招贴画。

海报的发展至今已有一百余年的历史，随着现代社会的不断发展，海报受到了信息科学技术的挑战，包括电视、广播等众多广告媒体的影响，削弱了海报的宣传作用，但海报设计并没有因此退出历史舞台。随着现代海报艺术更高层次的发展与风格更迭，海报至今仍在艺术设计中占有重要的地位。

我国最早的印刷海报出现在宋代，是山东济南刘家功夫针铺的一张宣传海报。这张海报图文搭配、手法新颖，也是古老商标文化的起源，具有非常重要的历史价值。该海报采用铜版印刷，上面标有"济南刘家功夫针铺"的字样，体现了我国艺术设计师的聪明才智，以及我国艺术文化的博大精深、源远流长。

20 世纪 50 年代初，我国的海报设计还不是很成熟，其表现手法与主体大多以人物造型和简单的色彩为主，直到 20 世纪 50 年代中期才出现了改观。20 世纪 50 年代后期，我国的人物画改观明显，表现在海报的人物设计上，即造型相对生动、精美。20 世纪 60 年代前期，我国对海报设计语言表达元素的探索取得了新的进步。这一时期，许多画家和设计师都形成了属于自己的个性语言，标志着我国海报艺术设计的成熟。20 世纪 80 年代中期，随着社会的发展，艺术海报迎来了蓬勃发展。

现在，随着精神文化建设的发展，海报设计更多地将文化融入其中，丰富了文化内涵。随着计算机图像技术的发展，大多数海报都用计算机绘制而成，海报更具视觉冲击力、更富有想象力，突出人文和自我主题的表达。

3.2.3 广告图设计

3.2.3.1 广告图的设计要点

在电子商务时代，商品广告图的重要性不言而喻。那么，商家应该如何做好广告图的设计呢？

（1）明确想要阐述的要点

要点也就是商品的卖点、关键词。例如，早期的小米手机，商家阐述的要点是性价比，而目前市场上的各种洗发水，有的要点为去屑、有的要点为保湿、有的要点为防脱育发，如图 3-46 所示。每个品牌都应该有自己的要点。

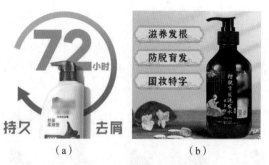

图3-46　明确想要阐述的要点

（a）示意一；（b）示意二

（2）明确表现形式

好的表现形式往往会吸引人们的注意力，常见的表现形式有直观表现和引导表现两种。直观表现可以让人一眼就看出商品的优点，如洗发前后的对比，如图3-47所示。引导表现往往使用委婉的说辞，用图、文、色、布局等设计的方式表达。例如，一个简单的建模就能立刻让人明白所要表达的意思。引导表现往往更富有创意和趣味性。需要注意的是，在使用直观表现和引导表现时，应遵守相关法律法规，不要夸大其词。

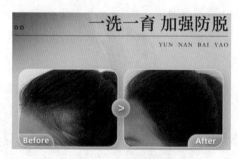

图3-47　直观表现

3.2.3.2　广告图的设计要素

（1）信息要素

信息要素即在广告图对外宣传时所要传达的信息，如卖点、价格等。

（2）视觉要素

视觉要素指在设计的广告图中所要呈现的图像、图形、图案、插画、插图、文字、色彩、版式等。

（3）媒体要素

媒体要素也就是广告图要投放的渠道，如报纸、杂志、户外标牌、网络平台等。

3.2.3.3　广告图的设计策略

（1）卖点策略

卖点策略也就是引导消费者下单的方法和手段。商家可以在商品中寻找并在广告中陈述商品的独特之处，实施独特的销售主题。这个独特之处必须是该商品所特有的，其他竞争商品不具备或没有宣传过的，即"人无我有"。例如，某洗发水的广告语是"洗了一辈子头发 你洗过头皮吗?"，"洗头皮"这个卖点策略让这个品牌在众多洗发水中脱颖而出，如图 3-48 所示。

图 3-48　卖点策略

（2）品牌策略

品牌策略是一系列能产生品牌积累的企业管理和市场营销方法，包括商品、价格、渠道、促销与品牌识别在内的所有要素。例如，人们走在路上一眼就能认出苹果店门头和耐克店门头，这就是品牌策略，如图 3-49 所示。只需要一个标志或其他信息，就能让消费者明白这个商品的卖点、优势等。

图 3-49　品牌策略

（3）定位策略

定位策略指从众多的概念中发现有竞争力、差别化的，能够代表商品特质的概念，并运用恰当的广告形式进行宣传，从而使商品在目标消费者的心中确立的策略。功效、品质、价格、观念、市场等因素都能影响消费者对商品的态度。例如，海飞丝的定位就在"去屑"上，而足力健的定位在"老人"这个年龄段的消费者上，如图 3-50 所示。

（4）情感策略

情感策略就是常说的"打感情牌"，从消费者的情感需要出发，唤起消费者的情感需求，获得消费者心灵上的共鸣。例如，哈根达斯的广告图中设计的"爱她，就请她吃哈根达斯!"文案，就是典型的情感策略的成功案例，如图 3-51 所示。

图 3-50　定位策略

（a）海飞丝；（b）足力健

图 3-51　情感策略

? 想一想

　　情感策略应用于商品营销的方方面面。你还知道哪些运用情感策略取得成功营销的商品呢？试举例说明。

3.2.4　活动图设计

　　在电子商务领域，商家为了刺激消费，往往会策划许多营销活动，包括平台活动、自营活动、联名活动等，并且会将活动信息以海报的形式广而告之，这就是活动图。在店铺中，活动图的应用十分广泛，展示位置也灵活多变，它的主要功能是通过视觉冲击、信息引导，将对商品感兴趣的消费者快速引导到活动内容落地页，如活动商品展示页、活动商品详情页等。

3.2.4.1　活动图的设计准则

　　在店铺中，活动页面是用于引导活动流量的宣传页，消费者通过浏览活动页面，可以了解活动的具体情况，如聚划算活动页面、双十一活动页面、周年庆活动页面等。无论是哪种类型的活动图，在设计时都需要遵循以下几个设计准则。

（1）凸显活动

设计优秀的活动图，能够让消费者快速了解店铺的活动类型、活动日期、活动商品、活动参与方式、活动优惠等信息。活动图与首页其他图片最大的区别在于，设计时需要凸显出活动，需要包含商品、赠品、价格、活动信息、活动时间等要素。在设计时，需要充分应用构图的作用，让活动主题突出，使整个画面更明朗、清晰，把商品信息表达得更清楚。只有做到以上几点，才能让活动效果被充分呈现。

（2）传递品牌

活动图的设计并非天马行空的创意，它与焦点图、轮播图的设计一样，也是需要综合考虑店铺整体装修风格、商品定位、品牌文化、品牌理念等因素。尤其是一些知名品牌的活动图设计，更要注重品牌信息的融入，以便在转化方面充分发挥品牌的影响力。

（3）明确风格

风格就是设计作品带给消费者的某种感觉，如小清新、文艺范、古典风、甜美风等。在进行活动图的设计时，一般可以根据商品属性和活动主题来确定风格。应注意的是，设计必须保持整体性、一致性，活动图的风格要和整个店铺的风格协调、统一。

? 想一想

活动图是用于进行活动流量引导的宣传图。那么，通常都有哪些类型的活动图呢？

3.2.4.2　活动图的设计要素

活动图的常见设计要素一般包含主题、层次、色调氛围等。

（1）主题

活动图必须有一个主题，其他元素需要围绕这个主题展开。活动内容往往是价格、折扣和其他促销信息。活动主题应作为焦点放在视觉中心，被放大和突出，以达到吸引消费者的目的；也可以选择与当地紧密相关的场景，这样更容易引发消费者的共鸣，从而产生购买行为。

（2）层次

活动图的信息传达是分层次展开的，和语言逻辑一样，设计的逻辑也是分层次传达的。活动促销信息作为第一层信息，需要被强化，而商品信息是第二层信息，需要被突出，信息传达的层次性可以根据被传达商品的内容展开。第一层、第二层需要被阅读，属于逻辑思维，第三层以后属于视觉思维，主要起到美化和暗示的作用，不作为商品信息，但也能被记忆。

（3）色调氛围

色调氛围根据活动目的的不同而有所区别，色调主要受促销、季节、品牌3个属性的影响。如果活动目的是营利，则可以侧重体现促销氛围；如果活动内容包括服饰、鞋履等季节性较强的商品，则可以结合相应的季节颜色；如果店铺强调品牌感，除营利外还希望提高品牌知名度，在视觉上就要尽量使用品牌 VI 颜色搭配促销元素。

🌐 任务实施

前面的知识储备中介绍了设计各类营销图的基础理论知识，接下来进行实践操作。本任务以淘宝平台店铺为例，完成商品主图、海报、广告图及活动图的设计与制作。

（一）主图设计

设计者在设计商品主图之前，只了解主图的类型、构图方式是不够的，还需要对主图的文案类型、设计的注意事项等进行深入了解，这样才能设计出能激发消费者购买欲的主图。下面介绍为某水果店铺设计商品主图的操作步骤。

📋 **课堂案例——商品主图设计**

【案例教学目标】学习使用 Photoshop 工具进行主图设计。

【案例知识要点】使用油漆桶工具填充主图背景，使用椭圆工具与圆角矩形工具绘制圆角矩形框，使用移动工具调整产品图的位置，使用矩形选框工具绘制矩形框，使用直线工具与横排文字工具添加活动文案，使用抠图工具添加修饰元素，效果如图 3-52 所示。

图 3-52　商品主图设计

扫码查看素材和操作方法

商品主图设计素材

主图设计

? 练一练

参考任务内容，结合自己所掌握的 Photoshop 技巧，根据图 3-53 的商品素材制作一张大米商品的场景式主图，要求如下。

1. 文案自行设计，要有创意和新意。

2. 构图方式任选，以美观为主。

3. 主图的设计风格需要与商品属性协调。

大米素材图

图 3-53　大米

（二）海报设计

进行海报设计时，要结合企业或品牌营销主题，确定与其格调相符的海报设计风格，然后以营销主题和海报设计风格为核心，以目标用户的视觉审美偏好为导向，利用多种视觉设计元素，对其进行编排创作，使其呈现出富有冲击力的视觉效果，带给消费者耳目一新的视觉体验，从而吸引消费者参与活动。

在海报设计中，设计者需要紧密结合营销主题，巧妙使用各种元素、色彩、光影等，对海报进行合理布局，从而凸显营销主题，加深消费者对营销内容的印象。下面介绍为某箱包品牌设计双十二营销活动海报的操作步骤。

📑 **课堂案例——店铺营销海报设计**

【案例教学目标】学习使用 Photoshop 工具进行海报设计。

【案例知识要点】使用油漆桶工具填充海报背景，使用矩形工具绘制矩形框，使用抠图工具与移动工具调整产品图，使用横排文字工具添加营销文案，使用椭圆工具、抠图工具、移动工具添加海报修饰元素，效果如图 3-54 所示。

扫码查看素材和操作方法

图 3-54　店铺营销海报设计

店铺营销海报
设计素材图

海报设计

（三）广告图设计

视觉设计者在设计广告图之前，需要对广告图的设计要点、设计要素、设计策略等基础内容进行深入了解，这样才能设计出能吸引消费者注意力的广告图，最终帮助店铺实现营销转化的目的。下面介绍为某少儿滑板补习班设计广告图的操作步骤。

📑 **课堂案例——广告图设计**

【案例教学目标】学习使用 Photoshop 工具进行广告图设计。

【案例知识要点】使用油漆桶工具填充海报背景，使用抠图工具与移动工具调整素材图，使用横排文字工具添加文案，使用抠图工具、移动工具添加广告图修饰元素，效果如图 3-55 所示。

【素材所在位置】云盘→ch03→效果→广告图设计

扫码查看素材和操作方法

广告设计素材1

广告设计素材2

广告设计素材3

广告设计素材4

广告设计素材

图 3-55　广告图设计

企业小课堂

济南刘家功夫针铺的广告图设计

在济南博物馆二楼展厅一个不大的角落里，4 根朱漆柱子支起了一间简易仿宋店铺，一个展台挺立其间，上方的玻璃框里，静静地躺着一块四四方方的铜版。这块不起眼的铜版，正是目前已知的、我国乃至世界上最早出现的商标广告实物——济南刘家功夫针铺的雕版印刷广告，如图 3-56 所示。

图 3-56　济南刘家功夫针铺的雕版印刷广告

整块铜版上部是"济南刘家功夫针铺"的店铺字号，并附有明确的商家产地。白兔捣药图是店铺标记，类似于现在店铺的标志，即产品商标。"认门前白兔儿为记"告诉买家一定要认准本店的白兔捣药商标进行选购，这与现代的"请认准××商标"似乎有异曲同工之妙。铜版的下半部分的文字为"收买上等钢条，造功夫细针，不误宅院使用，转卖兴贩，别有加饶，请记白"，意思是"我们用最好的原材料，花费功夫造针，使用方便。如果有人批发购买，还可以优惠"。整个广告图文并茂，文字简练，包含构成商品广告设计的最基本要素：商标、标题、引导、正文。

这块出现于宋代的广告铜版形象生动、简洁明了，从标题、图像到文案一应俱全，短短的几句广告语，就将产品的名称、原材料、质量交代得一清二楚，还言简意赅地介绍了济南刘家功夫针铺的经营理念、经销方式，同时推出了特别优惠活动，可以说是相对完整的平面广告作品，从中可以看出现代平面广告的雏形。

习近平总书记在二十大报告中强调，必须坚持科技是第一生产力、人才是第一资源、创新是第一动力。在现代视觉设计方面，创新也是行业发展的第一动力。从我国古代的广告图设计来看，其创新与创意点都是企业能够领先发展的重要因素，也是我国的文化底蕴。在现代视觉设计的道路中，设计者们应保持创新，继承优良的传统文化，发扬创意与创新精神，从而塑造行业发展的新动能、新优势。

（四）活动图设计

活动图的主要功能是通过视觉冲击和信息引导，将对商品感兴趣的消费者快速引导到活动内容落地页。设计者想要设计一张极具吸引力的活动图，需要做好充分的准备工作，例如在设计时需要遵循一定的准则，并明确活动图的主题、层次、色调氛围等。下面介绍为某服装品牌天猫店铺设计参加聚划算活动图的操作步骤。

🗐 **课堂案例——店铺聚划算活动图设计**

【案例教学目标】学习使用 Photoshop 工具进行活动图设计。

【案例知识要点】使用矩形工具绘制矩形框，使用椭圆工具和剪贴蒙版设计舞台，使用抠图工具置入产品素材与修饰元素，使用移动工具调整素材图，使用矩形工具、直线工具、文字变形工具等设计文案信息，效果如图3-57所示。

扫码查看素材和操作方法

店铺聚划算活动图 设计素材

活动图设计

图 3-57 店铺聚划算活动图设计

? 练一练

　　参考上述案例步骤，结合自己所掌握的 Photoshop 技巧，以图 3-58 提供的口红素材为例，设计出店铺口红的活动图，要求如下。

　　1. 以店铺周年庆为例，设计活动广告图。

　　2. 要凸显活动，需包含商品、价格、活动信息、活动时间等要素。

　　3. 活动图的风格需要与商品属性和活动主题相协调。

口红素材图

图 3-58 口红

📋 **任务评价**

　　基于学生在本任务中学习、探究、训练的课堂表现及完成结果，参照表 3-2 的考核内容进行评分，每条考核内容分值为 10 分，学生总得分＝30%学生自评得分+70%教师评价得分。

表 3-2 考核内容及评分

类别	考核项目	考核内容及要求	学生自评（30%）	教师评价（70%）
技术考评	质量	了解并能叙述商品主图的类型及构图方式		
		熟悉并能总结海报设计原则及设计思路		
		了解并能叙述广告图和活动图的设计准则、设计要点、设计要素及设计策略		
		能够熟练运用 Photoshop 工具，独立完成店铺商品主图设计、海报设计、广告图设计及活动图设计		
		具备积极主动的工作态度以及较强的视觉审美与设计能力，能够耐心、细心地设计出符合店铺运营要求的图像		

图形图像处理

类别	考核项目	考核内容及要求	学生自评（30%）	教师评价（70%）
非技术考评	态度	学习态度认真、细致、严谨，讨论积极，踊跃发言		
	纪律	遵守纪律，无无故缺勤、迟到、早退现象		
	协作	小组成员间合作紧密，能互帮互助		
	文明	合规操作，不违背平台规则、要求		
总计				
存在的问题		解决问题的方法		

自我提升与检测

问题 1：商品主图的常见类型有哪些？构图方式有哪些？

_____

_____

问题 2：在海报设计过程中，需要遵循怎样的设计原则与设计思路？

_____

_____

问题 3：广告图的设计策略主要包括哪几个方面？

_____

_____

问题 4：活动图的设计准则是什么？

_____

_____

任务 3.3　店铺首页设计

任务分析

韩莉完成营销图设计与制作之后，设计师让她配合店铺运营人员完成店铺装修相关工作。她了解到，一个店铺的首页相当于店铺的招牌，消费者进入该店铺的首页后，通过风格、商品、活动等因素，对店铺产生好感与信任。她为了配合店铺运营人员提高店铺的流量转化率，想要设计出一个让消费者眼前一亮的店铺首页。她决定从以下几个方面展开工作。

1. 对店铺首页的结构进行布局。

2. 店铺首页店招与导航栏设计、海报设计以及个性化首页辅助板块设计。

任务目标

1. 认识店铺首页的结构布局，能够阐述各部分的内容及组成信息。

2. 熟知店铺首页的设计技巧，并能借助 Photoshop 工具完成首页店招与导航栏、海报及优惠券的设计与制作。

3. 具备较强的视觉审美意识与设计能力，能够在图像处理中合理融入设计元素，完成图像的设计工作。

知识储备

韩莉先系统化地整理了店铺首页的结构布局相关理论知识，随后计划从店铺首页店招与导航栏、全屏海报、商品促销轮播图、商品分类及辅助板块的优惠券等方面进行操作。

店铺首页布局设计

在电子商务平台中，店铺的首页就相当于线下实体店的门面。店铺首页装修的好坏，会直接影响消费者的购物体验和店铺的转化率。以淘宝店铺为例，一个正常营业的店铺首页主要由店招、导航栏、全屏海报、商品促销轮播图、商品分类、优惠券、客服旺旺、商品自定义展示、店铺页尾等部分组成。

（1）店招

店招即店铺招牌，一般位于店铺首页的最顶端，由店铺头像、标志、店铺名称、商品信息、优惠信息等组成，如图 3-59 所示。不同的电子商务平台设置的店招尺寸各不相同，如淘宝平台的店招建议设计尺寸为 950 像素×120 像素。店招是店铺中为数不多且在各个页面都能展示的模块，所以可以将一些重点推广信息设计在店招上，让消费者无论浏览到哪一个页面，都能清楚地看到店铺的推广信息。

图 3-59　店招

（2）导航栏

在淘宝店铺首页中，导航栏有顶部导航栏、分类导航栏、侧边导航栏、自定义导航栏等，它们都具有引导消费者快速进入所需页面的功能。导航栏的内容一般包含所有分类、首页等内容，丰富一些的导航栏也包含会员制度、购物须知、品牌故事等内容，具体可根据自己店铺的情况而定。如图 3-60 所示为一个典型的分类导航栏。顶部导航栏一般是和店招一起进行设计的，高度为 30 像素，宽度可自定义，建议与店招保持一致。

图 3-60　分类导航栏

✉ 经验之谈

在导航栏中，从左到右或从上到下的前 3 个链接内容是视觉焦点。无论是从消费者的观看习惯，还是从视觉的停留时间上来说，消费者看得最多的就是前 3 个链接内容，所以有必要把重点推荐或相对更受欢迎的类目链接放在前 3 个链接内容内。导航栏的每一级分类信息尽量不要多于 8 个。

（3）全屏海报

全屏海报主要聚焦店铺中重要的内容信息，如新品展示、活动优惠、会员福利等，如图 3-61 所示。全屏海报可以单张静态展示，也可以多张轮播展示，目的是快速吸引消费者的注意力，引起消费者的兴趣或欲望。全屏海报的尺寸一般为 1 920 像素×600 像素，高度通常建议在 400~600 像素。若全屏海报的高度太小，会失去全屏显示的效果。

图 3-61　全屏海报

（4）商品促销轮播图

轮播图由多张图片组成，可滑动进行查看。由于其具有增强交互功能和优化消费者体验的特点，因此已经逐渐成为各大网站首页必不可少的组成部分。其主要用于推广商品的促销内容，可以做成促销海报吸引消费者，也可以用来展现最热门的店铺活动链接，吸引消费者参加活动。

（5）商品分类

商品分类是方便消费者根据自己的需求在店铺上快速找到想要的商品而设计的模块，可以按价格、商品功能、商品属性等进行分类，如图 3-62 所示。其功能与导航栏类似，可以不以下拉菜单的形式出现，让消费者能直接进入，这样便于有明确购物目的的消费者直达所需页面。

图 3-62　商品分类

（6）优惠券

优惠券是店铺的营销手段，起到促活、提升转化率的目的，如图 3-63 所示。常见的优惠券有折扣券、满减券、立减券、兑换券、现金券等，设计尺寸推荐小于 950 像素×200 像素。具体优惠券内容的设置可以通过登录淘宝网的"商家中心"→"营销中心"→"促销管理"→"店铺优惠券"来实现。

图 3-63　优惠券

（7）客服旺旺

客服旺旺是消费者跟商家沟通的工具，该模块设计在店铺各个页面上，方便消费者随时联系商家。淘宝店铺的客服模块支持首页、定义页以及详情页页面的设置，其图片样式可根据需要自由设计，以达到促进商家与消费者沟通、增加消费者黏性、提高转化率的作用。

（8）商品自定义展示

商品自定义展示是指通过平面图片展示店铺中的热销商品或主推商品，如图 3-64所示。其特点是不限制制作模式，商家可以设计制作有特点的自定义商品图，突出商品的性价比，使商品更能融入店铺的风格，从而极大地提升商品的视觉展示效果。

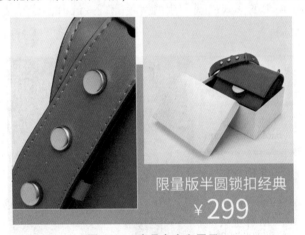

图 3-64　商品自定义展示

（9）店铺页尾

店铺页尾位于首页的最下方，跟店铺页头同样重要，它可以令店铺首页的结构更加完整。店铺页尾可以根据店铺需求添加图片、文字、代码等，内容主要涉及客服联系方式、发货须知、注意事项、温馨提示、友情链接等，如图 3-65 所示。

图 3-65 店铺页尾

店铺首页的布局往往还和店铺的风格、营销目标等相关。想要设计出一个满足消费者需求、达到店铺营销目的的店铺首页，还需要在实际工作岗位上进行更深入的学习与实践。

⑦ 微课视频

　　扫描下方二维码，进入与本任务相关的微课堂，进一步学习店铺首页设计与制作的相关知识。

设计店铺首页设计

🌐 任务实施

前面介绍了店铺首页布局，本任务的重点是设计店铺首页。下面以淘宝平台店铺为例，完成首页店招与导航栏、首页海报、首页优惠券的设计。

（一）首页店招与导航栏设计

店招就好比是店铺的招牌，消费者一看到店招，就能明白店铺中销售的商品是什么，它通常以实物照片和文字介绍来体现店铺卖点。导航栏好比是整个店铺的"指南针"，能够有效帮助消费者跳转到各个关键页面。精心设计的导航栏，能够让店铺中的各个页面串联起来，方便消费者在不同的页面之间快速切换。下面介绍设计淘宝店铺首页店招与导航栏的操作步骤。

📑 课堂案例——店铺首页店招与导航栏设计

【案例教学目标】学习使用 Photoshop 工具进行店铺首页店招与导航栏设计。

【案例知识要点】使用矩形选框工具创建矩形选区，使用抠图工具进行抠图，使用移动工具调整素材位置，使用横排文字工具添加文案，效果如图 3-66 所示。

图 3-66 店铺首页店招与导航栏设计

扫码查看素材和操作方法

装饰素材

背景素材

网店首页店招与导航栏设计

（二）首页海报设计

一张好的首页海报不仅可以生动地传达店铺商品信息以及各类促销活动，而且可以吸引消费者的注意力，提高转化率。设计者在设计首页海报之前，只了解海报的背景、商品、文案等组成元素是不够的，还需要对其设计要点、构图要素、构图方式等基础内容进行深入了解，这样才能设计出令人满意的首页海报，最终帮助店铺实现营销转化。下面介绍为某店铺推广的热销的新款山地自行车设计首页海报。

课堂案例——首页海报设计

【**案例教学目标**】学习使用 Photoshop 工具进行首页海报设计。

【**案例知识要点**】使用参考线工具新建参考线，使用油漆桶工具填充前景色，使用横排文字工具添加文案，使用矩形选框工具和自由变形工具设计背景，使用抠图工具置入产品素材，使用钢笔工具添加修饰元素，使用剪贴蒙版为背景添加碎片化效果，效果如图 3-67 所示。

图 3-67 首页海报设计

扫码查看素材和操作方法

Logo 素材

自行车产品图素材

自行车动感图素材

首页海报设计

198

⊘ 练一练

参考上述案例步骤，结合自己掌握的 Photoshop 技巧，利用图 3-68 的素材作为主体内容，制作一张家用电器类店铺的首页全屏海报，要求如下。

1. 文案自行设计，要有创意、新意。

2. 设计出的海报需要在风格、亮点、文案、排版 4 个方面有创意，避免出现设计同质化问题。

冰箱素材图

3. 海报版式的表现形式必须与主题内容相符。

图 3-68　家用电器

（三）首页优惠券设计

优惠券是网店必不可少的装修元素，是店铺用来吸引流量、提高转化率的有效工具，它可以被放置在店铺的任何区域，如店招、轮播图、首页宣传区、详情页焦点图区域等。

按照使用的门槛，优惠券可以分为折扣券、满减券、立减券、兑换券、现金券等。除此之外，平台还有很多其他类的优惠券，如运费券、包邮券等。下面介绍为某淘宝店铺设计双十一预热期首页优惠券。

▤ 课堂案例——首页优惠券设计

【案例教学目标】学习使用 Photoshop 工具进行首页优惠券设计。

【案例知识要点】使用油漆桶工具填充背景色，使用圆角矩形工具绘制圆角矩形，使用矩形工具绘制矩形框，使用剪贴蒙版让矩形融入圆角矩形，使用横排文字工具添加文案信息，效果如图 3-69 所示。

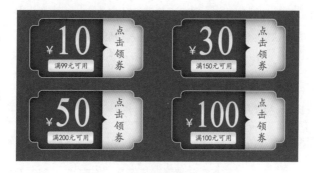

图 3-69　首页优惠券设计

? 练一练

参考上述案例步骤，结合自己掌握的 Photoshop 技巧，制作一张店铺满减券，效果参考图 3-70。

店铺满减券素材

图 3-70 效果示意

任务评价

基于学生在本任务中学习、探究、训练的课堂表现及完成结果，参照表 3-3 的考核内容进行评分，每条考核内容分值为 10 分，学生总得分=30%学生自评得分+70%教师评价得分。

表 3-3 考核内容及评分

类别	考核项目	考核内容及要求	学生自评（30%）	教师评价（70%）
技术考评	质量	了解店铺首页的结构布局，能够阐述各部分的内容及组成信息		
		熟知店铺首页的设计技巧，能借助 Photoshop 工具完成首页店招与导航栏的设计与制作		
		熟知店铺首页的设计技巧，能借助 Photoshop 工具完成首页海报的设计与制作		
		熟知店铺首页的设计技巧，能借助 Photoshop 工具完成首页优惠券的设计与制作		
		具备较强的视觉审美意识与设计能力，能够在图像处理中合理融入设计元素，完成图像的设计工作		
非技术考评	态度	学习态度认真、细致、严谨，讨论积极，踊跃发言		
	纪律	遵守纪律，无无故缺勤、迟到、早退现象		
	协作	小组成员间合作紧密，能互帮互助		
	文明	合规操作，不违背平台规则、要求		
总计				
存在的问题		解决问题的方法		

问题1：店铺首页的结构布局是怎样的？

_____

_____

问题2：简述设计海报版式的原则及创意维度。

_____

_____

问题3：首页店招与导航栏的设计主要分为哪几步？

_____

_____

问题4：首页海报的设计应怎样操作？

_____

_____

问题5：首页优惠券的主要设计流程有哪些？

_____

_____

任务 3.4 商品详情页设计

任务分析

韩莉通过完成店铺首页设计的相关任务，已经全面掌握了店铺首页设计的相关技巧。她了解到，商品详情页对提高店铺流量转化率至关重要，通过与店铺运营人员沟通，她首先确定了需要探索并解决的以下几个问题。

1. 商品详情页是什么？
2. 商品详情页的设计要点有哪些？
3. 如何利用图形图像处理知识设计商品详情页？

任务目标

1. 了解商品详情页的作用及类型。
2. 熟悉商品详情页的内容布局。
3. 理解商品详情页的设计原则与设计理念。
4. 掌握商品详情页的设计流程与优化技巧。
5. 具有美学素养与艺术应用能力，能够将视觉设计与商业思维融会贯通。

知识储备

韩莉带着开展任务前思考的几个问题，准备从了解认识商品详情页开始，首先弄清楚商品详情页分为哪几种类型，每种详情页在电子商务经营中起什么作用，其次学习商品详情页的设计理念，最后运用之前所学的 Photoshop 图形图像处理技能进行商品详情页的实战设计。

> ⑦ 微课视频
>
> 　　扫描下方二维码，进入与本任务相关的微课堂，进一步学习商品详情页的相关知识。
>
>
>
> **认识商品详情页**

3.4.1 认识商品详情页

商品详情页是网络店铺展示商品详细信息的页面，承载着店铺的大部分流量，也是店铺订单的主要入口。对于消费者来说，在电子商务平台搜索关键词后，界面中出现许多商品图片，通过单击商品图片进入的页面就是商品详情页。

想一想参考答案

❓ 想一想

　　商品详情页中展现给消费者的图片有哪些类型？它们在商品详情页中分别起到怎样的作用？

3.4.1.1　商品详情页的作用

　　一家店铺的商品详情页若能够区别于其他店铺的商品详情页，具有差异化的特性，那么这家店铺往往能在同类商品的竞争中胜出，并在短时间内吸引消费者下单。一个有差异化的商品详情页，可以有效提升商品的转化率，能够直观地提升店铺的销售额，激发消费者的购买意向，促使其下单。商品详情页的具体作用还体现在以下几方面。

　　（1）介绍商品信息，解决消费者的疑惑

　　商品详情页上通常会详细介绍商品信息，如图 3-71 所示。通过浏览商品详情页，消费者就可以消除对商品的疑惑，有效减少售前客服咨询工作量。

图 3-71　商品详情页中的商品信息

　　（2）展示商品价值，促进下单转化

　　商品详情页对于店铺而言是吸引消费者下单的一个很重要的页面，通过对商品各方面细节的展现与说明，让消费者对商品更了解，通过创造体验，减少消费者达成心理预期的观望时间，提高商品的转化率。

　　（3）说明购物售后流程，减少售后纠纷

　　商品详情页内可设置购物须知、售后服务流程等信息，避免产生不必要的售后纠纷，提高店铺的声誉与影响力。商品详情页购物须知如图 3-72 所示。

图 3-72　商品详情页购物须知

3.4.1.2　商品详情页的类型

店铺在商品详情页展示商品时，往往会根据商品属性、特点的不同而选用不同风格的商品详情页类型。商品详情页可以按内容分为促销说明类、商品展示类、吸引购买类、实力展示类和交易说明类等几种类型。根据不同类目的特点，其商品详情页可单独调整每个类别包含的模块，从而设计出更适宜商品展示的页面。

（1）促销说明类

促销说明类的商品详情页模块的主要内容包括热销商品、搭配商品、促销商品和优惠方式。

商家可以利用官方或第三方定制软件，在商品详情页中生成搭配商品、优惠活动等，如图 3-73 所示，让消费者对店铺的促销活动、热卖商品一目了然，吸引消费者继续浏览，同时可以为优质的商品提供更多流量，带动商品的销量，提高商品的排名。

（2）商品展示类

商品展示类的商品详情页模块的主要内容包括卖点、功能、细节、规格参数、包装、搭配和效果。这也是多数商家会采用的一种商品详情页类型。

商品的卖点、功能可以通过图文或视频的方式，突出卖点或有代表性的功能，说明在实际生活中可以帮助消费者解决哪些问题，并从各个方面告诉消费者为什么要购买该商品。由于商品是在线上购买的，消费者并不能像在实体店那样判断商品是否合适、质量如何，所以需要商家尽可能详细地展示商品的细节，通过图文结合的方式，让消费者更清楚地了解商品。商家应该尽量让商品的尺寸可视化，可以采用实物与商品做对比等表现形式，让消费者感受到商品的实际大小，以免收到货后因低于心理预期而引发纠纷。典型的商品展示类的商品详情页如图 3-74 所示。

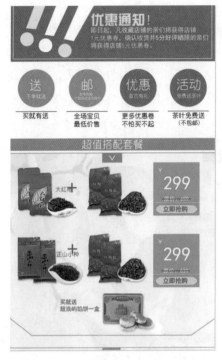

图 3-73　促销说明类的商品详情页
中的搭配商品与优惠活动

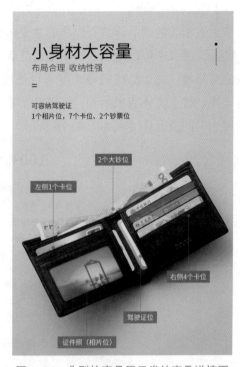

图 3-74　典型的商品展示类的商品详情页

（3）吸引购买类

吸引购买类的商品详情页模块的主要内容包括卖点打动、情感打动、消费者评价、实拍晒单和热销情况。

卖点打动除以图文形式突出商品的优势外，也可以通过与其他店铺的商品进行详细对比，推动消费者产生购买欲望。商品详情页中添加已购买消费者的好评、实拍晒单，可以让消费者有所参照，进一步提高对商品的认同感，如图 3-75 所示。

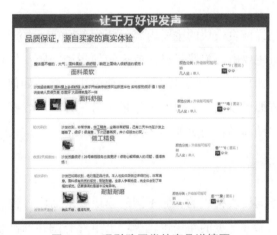

图 3-75　吸引购买类的商品详情页

（4）实力展示类

实力展示类的商品详情页模块的主要内容包括品牌、荣誉、资质、生产和仓库。

商品详情页中可以通过介绍店铺的品牌，包括品牌的起源与发展、品牌理念、关联品牌的商品等，增加品牌的曝光度和可信度。如果商品详情页中包含相关的资质证明，或者仓库、线下实体店展示等，可以凸显商品的高质量，加强消费者对品牌的信任感。实力展示类的商品详情页如图3-76所示。

图3-76 实力展示类的商品详情页

（5）交易说明类

交易说明类的商品详情页模块的主要内容包括购买须知、物流、退换货和保修。

该类的商品详情页主要解决消费者已知或未知的各种问题，如是否支持7天无理由退换货，发什么快递，如果商品有质量问题该如何解决，商品如何存储、使用等。良好的售后与物流服务一方面可以减少客服的工作量，另一方面可以提高消费者对店铺服务的满意度。交易说明类的商品详情页如图3-77所示。

3.4.1.3 商品详情页布局

商品详情页是由不同模块构成的，而不同的模块要求商品详情页需要设计合理的顺序布局。一般来说，商品详情页的布局逻辑为：上半部分阐述商品价值，下半部分培养消费者的信任。在商品详情页的构成逻辑框架中，每一个模块都有它的价值，都要经过

图 3-77 交易说明类的商品详情页

仔细的推敲和设计。以通用的商品详情页为例,其逻辑框架模块可主要分为以下内容:关联推荐→商品详情页首屏海报→商品卖点→商品信息→商品细节展示→资格证书。

(1)关联推荐

这是位于商品详情页最上方的模块,主要展示店铺的一些经营活动、优惠信息、主推商品和品牌宣传等,如图 3-78 所示。

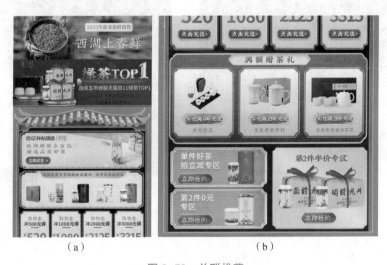

(a)　　　　　　　　　(b)

图 3-78 关联推荐

(a)示意一;(b)示意二

关联推荐的整体风格较多元,不一定和商品的详情风格一样,因为这里关联的大多是整个店铺的商品，当消费者对该商品详情页的商品不满意时，能够快速在店铺其他商品中找到所需的商品，避免消费者流失。

（2）商品详情页首屏海报

这是商品详情页的第一屏，也是最重要的一屏，该屏的展现方式一般有 4 种：拍摄、建模、手绘、合成。

在所有商品的展现方式中，拍摄与合成是应用最广泛的两种，其门槛低，容易入手。运用建模或手绘来展现的设计作品能大大提高商品的档次。首屏海报一定要用最美观、最能突出商品优势，且最能吸引消费者关注的图片，将商品最富价值的部分展现出来，如图 3-79 所示。

（3）商品卖点

首屏海报下面一般就是商品的卖点展示，但是并不是所有的商品详情页都是按照这个框架来设计的，需要根据不同的商品进行调整。商家只有在充分了解商品信息和调研同行竞品后，才能总结出多个关键卖点，精准击中消费者痛点，如图 3-80 所示。

图 3-79　商品详情页首屏海报

图 3-80　商品卖点

（4）商品信息

商品详情页的商品信息是提高商品转化率的关键因素，商品信息要与商品主图、商品标题相契合，如图 3-81 所示。商品详情页必须真实且完整地介绍商品的属性，并突出商品的优势特点，这样才能帮助消费者梳理商品信息，提升对商品的信任感，打消对商品的疑虑，激发消费者的消费欲望，促使其下单。

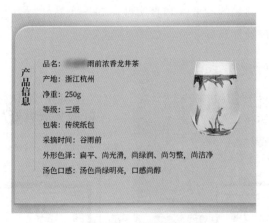

图 3-81　商品信息

（5）商品细节展示

在此模块中可以把商品提炼出来的卖点按照重要顺序进行介绍、补充，拍摄一些前面没能展示的细节图，帮助消费者更好地了解商品，如图 3-82 所示。

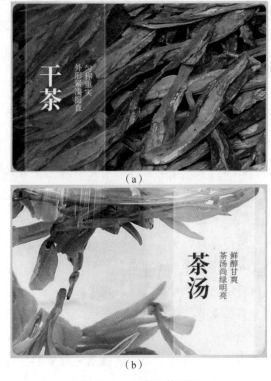

图 3-82　商品细节展示

（a）示意一；（b）示意二

（6）资格证书

对于一些专业性较强的商品，消费者会对专利报告、质量报告之类的证书比较看重，因为从中可以确认商品的专业性和真实性。如果商品详情页有相关内容展现，则可以很好地提升商品的权威性和专业性，如图3-83所示。

图 3-83　资格证书

（a）示意一；（b）示意二

拓展阅读

消费者不能真正体验商品，商品详情页的目的是打消消费者的顾虑，从消费者的角度出发，关注商品最重要的属性与卖点，并不断强化，注意不能生硬堆砌。商品详情页的表述要遵从以下"五感"。

①真实感：真实再现商品原貌，展现商品的不同角度。

②逻辑感：根据消费者需求部署卖点，层层打动，促成其下单。

③亲切感：针对目标群体特性进行图文风格设定。

④对话感：店铺销售商品是靠文字、图片的描述完成的，商品介绍作为虚拟的营业员描述，可以以对话的方式展开。

⑤氛围感：网络商品的销售氛围的营造和实体店一样重要，可以形成多人购买的气氛，烘托口碑影响，让消费者产生从众心理而决定购买。

3.4.2　商品详情页内容设计

商品详情页是提高商品转化率的关键因素，一个设计精美的商品详情页可以激发消费者的消费欲望，帮助消费者树立信任感，打消消费者的疑虑，促使其下单。由此可见，商品详情页的设计对店铺的运营创收有非常重要的作用。在设计商品详情页时，要与商品主图、商品标题相契合，必须真实而全面地介绍商品属性，并且突出卖点，形成差异化营销内容，给消费者留下美好的观感与选购体验。

> ⑦ 想一想
>
> 　在了解了商品详情页设计的重要性后，具体该如何利用图形图像处理技术进行商品详情页的设计？
>
>
>
> 想一想参考答案

商品详情页的设计要点如图 3-84 所示。

商品详情页设计包含的主要内容应该是一个商品的信息概述，商品信息概述能够通过有限的图文描述，尽可能多地表现出商品的特征以及性能，进而能够为消费者选择商品提供参考。消费者往往会通过商品详情页的商品信息概述确定商品是否真正满足自己的需求。设计者在确定商品详情页内容的设计方案时，可以利用"FABE 法则"。

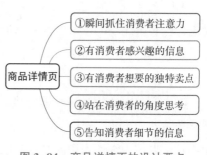

图 3-84　商品详情页的设计要点

"FABE 法则"是一种非常实用的营销法则，具有通用、可操作性强的特点。利用"FABE 法则"指导商品详情页设计，可以构筑起一个大的框架，为设计者提供通顺合理的设计逻辑，从而使商品详情页的观赏性更高，进而促使商品转化率的提高。"FABE 法则"的具体内容如下。

①Features（特征）：商品的基本特征，如商品名称、产地、材料工艺等。

②Advantages（优点）：商品的独特之处，如更大、更厚、更高档等。

③Benefits（利益）：能给消费者带来什么好处，如舒适、省电等。

④Evidence（证据）：技术报告、消费者来信、报刊文章、照片、示范等。

通过对"FABE 法则"的灵活运用，设计者可以在商品详情页的设计工作中融入营销理念，从而取得良好的营销效果。

由此，围绕着商品概述的需求，商品详情页设计理念可从以下 4 个方面展开。

（1）商品参数

商品参数指的是对一个商品基本内容的介绍，包括商品的型号、生产时间、材质等。例如，对于一件衣服来说，商品详情页中必须包含这件衣服的尺码、颜色、材质、适用人群、生产地等信息，这样才能让消费者在第一时间就确认这件衣服是否适合自己。商品参数如图 3-85 所示。

要更全面地介绍商品的参数，通常可以从商品的定位、适用场景等方面进行，如它适合什么样的人群使用，它在日常生活中发挥什么样的作用，以及它与旧款商品或竞品

商品信息 🌡️一秒掌握

COMMODITIES INFORMATION

全面了解商品信息，多种尺码适配身型
颜色成分一目了然，方便挑选

商品名称:时尚休闲棉衣	货号名称：MYM22-8805
产品尺码：S-3XL	衣服风格：时尚流行
面料成分：95%聚酯纤维 5%氨纶	可选颜色：黑色 深灰 浅灰
里料成分：100%聚酯纤维	咖啡 果绿
填 充 物：100%聚酯纤维	

图 3-85 商品参数

对比有哪些更优秀的技术参数等。通过对商品参数更详细的介绍，消费者得以进一步了解该商品的特点，从而使商品详情页的设计发挥出其突出商品价值的核心作用。

（2）商品图集

电子商务网站的商品图集能够带给消费者直观的感受，前面所说的商品信息概述只能够让消费者了解一定的商品信息，不能使其了解商品具体的外观和结构。在商品详情页中真正发挥决定性作用的是商品图集。商品图集一般是通过照片直观地反映出商品外观，对于一些商品来说，如服饰类商品，多数店铺会选择加入模特协助展示，使自己的商品能够更加立体化地被展现出来。

商品图集包括正面图、侧面图、背面图、结构图等，从立体的角度，让消费者全方位了解商品的外观，判断其是否符合自己的实际需要，并快速做出决定。商品图中往往也需要配以文字说明，让商品特点更加鲜活、直观地被呈现出来，如图 3-86 所示。

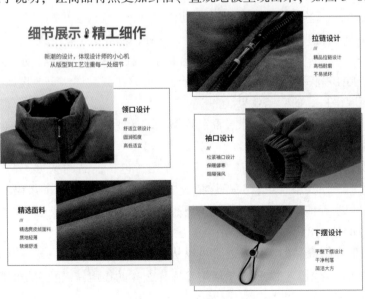

图 3-86 商品图集

（3）消费者评价

在电子商务网站商品详情页设计的过程中，最好展现出消费者评价中的好评内容。消费者评价在一定程度上会影响一家店铺的销量。消费者往往会通过对比商品评价来做出购买决定，虽然消费者也可以直接查看评价内容，但是在商品详情页中展现出商品所获得的大量好评，对于商品特点的凸显也起着非常重要的作用，如图 3-87 所示。

图 3-87　消费者评价

（4）立即购买

立即购买指的是在消费者浏览完商品详情后，出现"立即购买"等促销性的页面导语，让消费者在第一时间做出选择。很多消费者在选购商品时，会将自己需要的商品加入购物车，通过诸多对比之后，往往会犹豫不定。如果在店铺商品详情页的设计中加入"立即购买"这一类内容，往往能使消费者在浏览商品的概述、商品参数、商品图集以及消费者评价之后快速做出决定。

电子商务网站提供的商品种类众多，既有实体型商品、数字型商品，也有技术型商品和服务型商品，不同种类的商品，其商品详情页的设计也不尽相同。无论哪类商品，其最终受众还是消费者。如何能使消费者在第一眼就对该商品留下一定的好感度，是商品详情页设计的关键。由此可知，商品详情页的框架设计是十分重要的。

任务实施

了解了商品详情页的设计理念与布局设计方法后，还需要根据商品特性具体进行设计实践，这样才能将营销理念和视觉设计原理融会贯通。本任务以坚果商品天猫店铺的商品详情页为例，分别设计商品首焦图、商品卖点、商品信息、商品场景应用、商品细节展示、商品特点展示等模块。

课堂案例——坚果商品详情页设计

【案例教学目标】学习使用 Photoshop 进行商品详情页的设计与制作。

【案例知识要点】应用图文设计与商品详情页布局的相关知识，使用 Photoshop 制作商品详情页，部分效果如图 3-88 所示。

图 3-88 坚果商品详情页设计

扫码查看素材和操作方法

坚果商品详情页　　　坚果商品详情页
　设计素材　　　　　　　设计

练一练

参考上述案例步骤，结合所学知识，分析并使用教材资源所提供的相关商品素材图片（如图 3-89 所示），使用 Photoshop 进行商品详情页的设计与制作。注意，在制作商品详情页前先设计出商品详情页模块，文案自拟，装饰素材任选，最终呈现出画面协调、图文精美且有吸引力的商品详情页。

商品详情页素材图

图 3-89　商品详情页

（a）示意一；（b）示意二；（c）示意三；
（d）示意四；（e）示意五；（f）示意六；
（g）示意七；（h）示意八；（i）示意九

任务评价

基于学生在本任务中学习、探究、训练的课堂表现及完成结果，参照表 3-4 的考核内容进行评分，每条考核内容分值为 10 分，学生总得分=30%学生自评得分+70%教师评价得分。

表 3-4 考核内容及评分

类别	考核项目	考核内容及要求	学生自评（30%）	教师评价（70%）
技术考评	质量	了解并能够阐述商品详情页的作用，可以列举出商品详情页的不同类型		
		熟悉商品详情页的内容布局，能阐述一般商品详情页需展现的不同模块		
		理解商品详情页的设计原则与设计理念，能根据商品详情页设计原则开展模块设计		
		掌握商品详情页设计流程与优化技巧，能设计出具有表现力的商品详情页长图		
		设计作品能体现出美学素养与艺术应用能力，能够将视觉设计与商业思维融会贯通		
非技术考评	态度	学习态度认真、细致、严谨，讨论积极，踊跃发言		
	纪律	遵守纪律，无无故缺勤、迟到、早退现象		
	协作	小组成员间合作紧密，能互帮互助		
	文明	合规操作，不违背平台规则、要求		
总计				
存在的问题		解决问题的方法		

自我提升与检测

问题 1：商品详情页有哪些重要作用？

自我提升与检测参考答案

_____

_____

_____

问题 2：商品详情页的分类有哪几种？其布局是怎样的？

_____

_____

_____

问题 3：商品详情页中各个模块的设计理念是什么？

_____

_____

_____

问题 4：在实际制作商品详情页的过程中，会用到 Photoshop 的哪些功能？

_____

_____

_____

任务 3.5 手机端店铺设计

任务分析

自从移动互联网技术走进我们的工作与生活以来，电子商务领域中手机端流量的占比也越来越高，商家无一不看重手机端店铺的设计与展现。通过对电子商务店铺首页、商品详情页设计与制作方法的学习，韩莉基本掌握了使用 Photoshop 进行电子商务店铺网页设计的相关知识与操作方法，为适应手机端店铺的设计需求，她还需要继续进行学习。在学习前，需提前做好以下准备工作。

1. 硬件：一台内存在 8 GB 以上、CPU 是酷睿 i5 或锐龙 Ryzen 5 及以上产品的计算机。可安装电子商务平台应用的智能手机。

2. 软件：Photoshop，互联网浏览器，电子商务平台应用。

3. 素材：获取课堂案例相关素材。

4. 知识：熟悉手机端店铺首页与详情页布局。

任务目标

1. 认识手机端店铺首页与详情页布局。

2. 熟悉手机端店铺装修规范。

3. 能够利用相关工具进行手机端店铺首页装修。

4. 能够利用相关工具进行手机端店铺详情页装修。

5. 具备规范精神，能够认真、合规地进行手机端店铺装修与设计，形成良好的职业道德价值观。

知识储备

做好了任务前的准备工作，韩莉将依次了解手机端店铺首页与详情页布局，比较手机端与计算机端店铺页面的异同，并熟悉手机端店铺的装修规范，然后通过案例训练掌握手机端店铺首页与详情页装修的流程，逐步具备与店铺运营相关的能力。

3.5.1 认识手机端店铺

随着时代的发展，现在人们几乎人手一部智能手机，这在很大程度上促进了手机端购物的发展。因为使用手机购物比在计算机上购物更方便，只要消费者有时间，就能随时随地拿起手机进行购物。正因如此，手机端店铺也随之快速发展了起来，无论在流量占比还是竞争程度方面，都不亚于计算机端店铺。

从传统的电子商务平台，到团购电子商务、社交电子商务等新兴电子商务模式，手机端电子商务店铺也发展出了不同的形式，以下为其中几个典型的手机端店铺平台。

（1）手机端淘宝（天猫）店铺

手机端淘宝（天猫）依托淘宝网强大的优势，打造出以淘宝达人为基础的电子商务模式，为消费者带来方便、快捷的手机购物新体验。根据近两年的电子商务行业发展报告，淘宝手机端的交易量已经超过了计算机端，由此可见，淘宝的运营方式正持续向手机端靠拢。手机端淘宝首页如图 3-90 所示。

图 3-90　手机端淘宝首页

（2）手机端拼多多

拼多多以农商品团购起家，逐步发展成为以农副商品为鲜明特色的全品类、综合性电子商务平台。手机端拼多多首页如图 3-91 所示。

（3）微店

2020 年 8 月，微信平台推出了微店，如图 3-92 所示。微店支持个人、个体工商户、企业这 3 类营业主体开设店铺，同时可为商家提供商品信息发布、商品交易、小程序直播等全方位的资源支持。

图 3-91　手机端拼多多首页　　　　　　　　图 3-92　微店

（4）抖音小店

抖音小店是字节跳动公司的电子商务平台，也是抖音短视频、今日头条、西瓜视频等 APP 的统一电子商务后台，如图 3-93 所示。抖音小店是近年来新兴的电子商务形式，属于兴趣电子商务的发展结果，主要借助短视频与直播的方式获客，为店铺引入流量。

图 3-93　抖音小店

3.5.2　手机端店铺首页布局

与计算机端店铺相比，手机端店铺在设计时存在很大的局限性。过大的图片会影响页面打开速度，过于复杂的颜色会影响页面视觉效果，而过多的模块设置也不利于消费者滑屏浏览。因此，手机端店铺首页的模块设置一般需满足 3 点：简单、直接、准确，最终使消费者用更少的流量获得更好的浏览体验。

3.5.2.1　手机端店铺首页布局

首页布局的一种常见形式为：店招设计→商品海报→优惠券→分类→海报→商品罗列。这样的布局方式能方便消费者浏览，可以清晰、准确地展现商品信息。以手机端淘宝为例，要添加模块时，需要选择相应模块，然后将其拖到右侧的"手机"界面中，就像把文件放进文件夹中一样。

进行模块的设计时，手机端淘宝的页面装修主要由以下 5 个功能组成：容器列表、装修预览、模块编辑、展现规则设置、预览/发布，如图 3-94 所示。其中，容器列表中有常用于首页装修的模块，包括官方模块与已购小程序模块两部分，官方模块分为图文类、营销互动类、宝贝类、视频类、LiveCard 这 5 个模块，下面介绍其中的重点模块。

（1）图文类

图文类模块需要手动添加链接，可分为轮播图海报、单图海报、猜你喜欢、店铺热搜、文字标题、多热区切图、淘宝群聊入口、人群海报、免息专属飘条、CRM 人群福利、官方消费者防诈等不同模块。下面将详细介绍手机端店铺首页设计时常用的轮播图海报、单图海报、猜你喜欢、店铺热搜、文字标题和多热区切图模块。

轮播图海报是手机端店铺首页的重要模块，该模块最好放在手机端店铺首页的第一

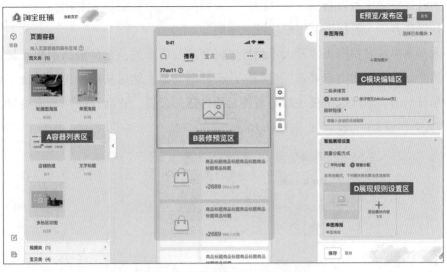

图 3-94　手机端淘宝页面装修功能

屏，要做得精致、亮眼，给消费者留下深刻的印象。在此模块中可以设置轮播图，单个
模块内最多允许放置 4 张同尺寸的图片，每张图片允许关联 1 个跳转链接。轮播图海报
模块的设置如图 3-95 所示。

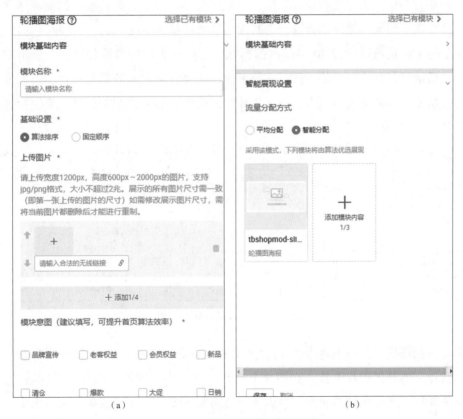

（a）　　　　　　　　　　　　　　（b）

图 3-95　轮播图海报模块的设置

（a）示意一；（b）示意二

单图海报模块中可以自定义商品图片，利用该模块能够展现商品图，也可以添加超链接，其设置方式与轮播图海报模块基本相同。

猜你喜欢模块是根据淘宝千人千面排名机制演变出来的，它会根据消费者最近浏览或搜索的商品，推断出消费者最近想购买什么样的商品，然后从店铺里选择最适合的商品优先推荐给消费者。这个模块除命名外无须做任何设置，它会自动同步店铺里发布的商品。猜你喜欢模块的设置如图 3-96 所示。

图 3-96　猜你喜欢模块的设置

店铺热搜模块与猜你喜欢模块类似，会从店铺中被搜索的排名最高的商品排序中显示商品，该模块也无须做详细设置，将其拖入装修预览区即可。

文字标题模块可以设置 20 字以内的标题，也可以为该标题添加链接，使消费者单击该模块后能够打开一个新的页面。一般来说，店铺首页大多数都是图片，可以使用文字标题模块来将商品图进行划分，用于悬挂店铺公告、活动说明等信息。文字标题模块的设置如图 3-97 所示。

图 3-97　文字标题模块的设置

多热区切图模块是目前淘宝商家中使用率比较高的模块，其设置如图 3-98 所示。商家将设计好的整张图片上传，在图片上自定义绘制多个区域，添加需要跳转的链接，这样的功能即为多热区切图功能。多热区切图功能比图片链接功能更实用，也更受商家欢迎。

图 3-98　多热区切图模块的设置

（a）示意一；（b）示意二

（2）营销互动类

营销互动即在店铺首页设置各种活动，手机端淘宝官方模块提供的营销互动有店铺优惠券、裂变优惠券、购物金、芭芭农场、店铺会员模块和人群优惠券等，其设置如图 3-99 所示。将这些模块拖入预览区后即可自动显示，系统会自动调取平台设置好的活动数据并显示，无须进行其他设置。

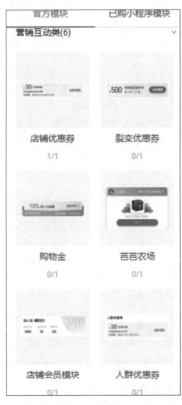

图 3-99　营销互动类模块的设置

（3）宝贝类

宝贝类模块无须手动添加商品链接，手机端淘宝官方的宝贝类模块分为排行榜、智能宝贝推荐、系列主题宝贝、鹿班智能货架、免息商品智能货架以及大促预售商品货架等。宝贝类模块与营销互动类模块相似，均不需要进行额外的设置，其设置如图3-100所示。

以排行榜为例，它是手机端自动调取计算机端高销量、高人气宝贝的功能，不能进行手动设置。如果计算机端热销宝贝较多，可以使用该模块来吸引消费者；如果销量不尽人意，则不建议添加该模块。

图3-100　宝贝类模块的设置

3.5.2.2　手机端店铺首页设计要点

设计手机端店铺首页的时候，一定要明确设计要点，先构思布局框架，再搜集素材进行制作。从首页模块布局的角度出发，可总结出以下6条设计要点。

①首页布局结构要清晰，设计页面要清晰，以便消费者便捷浏览。手机端店铺首页是消费者选购商品的枢纽，结构模块应少而精，便于消费者快速读取。

②各模块促销文字、商品卖点要简洁、清晰。手机受屏幕的限制，面积有限，呈现的内容也有限，如果信息量过多，会导致消费者无法读取，甚至会使消费者流失。

③爆款推荐能让到店流量有更高的转化率。手机端的消费者的访问行为决定了流量的精准度，爆款推荐会让店铺流量集中。

④首页色彩要统一协调、主次分明。手机屏幕狭小，如果色调杂乱，消费者体验感会很差。因此，在进行手机端店铺首页设计的时候，一定要根据店铺的受众群，让店铺的整体风格保持一致。

⑤重视优惠券的设计。优惠券有利于消费者感受大促氛围，提高转化率。

⑥建立分类爆款及其他分类专区。此类设计能在分流目标消费者的同时，让消费者看到更多商品，尽可能多地曝光店铺商品，在提升消费者体验感的同时，提升访问商品的价值。

在进行首页布局分类时，设计者可根据店铺商品的数量与店铺流量大小来决定首页布局和模块功能，这样能让首页装修更有重点，让消费者体验到视觉美观、逻辑清晰的手机端店铺首页。

✉ 经验之谈

用手机打开网页的时候，出现的是整屏的内容，该内容可能只是计算机端店铺一个局部的展示效果。在进行移动端网页设计时，需要注意以下问题。

①移动端风格排版：重要版块设计在主页，消费者在访问时能直接看到重要信息。

②移动端导航设计：不能按照计算机端的样式来，需要适用于手机端用户浏览和单击。

③移动端提升访问速度：在进行移动端网页图片设计时，要考虑到图片的大小，在尽可能不影响图片质量的基础上对图片进行压缩，缩小其占用空间。

④移动端设备兼容性设计：在进行移动端网页设计的时候，应该考虑到适应不同移动设备的情况，如平板电脑、上网本计算机、智能便携设备等。

3.5.3 手机端店铺详情页布局

以淘宝官方装修平台为例，手机端店铺详情页的模块按照模块内容属性可分为基础模块、营销模块、行业模块与自定义模块 4 类，下面以基础模块为例，介绍手机端店铺详情页布局设计。

🌐 拓展阅读

在进行手机端店铺详情页的图文模块布局排版时，要注意以下两点。

①字体规范。当需要在图片上添加文字时，中文的字号应大于或等于 30 号，英文和阿拉伯数字的字号应大于或等于 20 号。当需要添加的文字太多时，建议使用纯文本的方式编辑，这样看起来更清晰。

②图片规格要求。宽度为 480~620 像素；高度小于或等于 960 像素；图片格式为 JPG、

GIF、PNG 等。制作的时候一般用宽度为 520 像素的图片，可以兼顾大屏和小屏手机。

手机端店铺详情页的一种常见布局形式为：首屏→详情页首焦图→场景图展示→商品对比图→商品细节展示→商品参数及细节描述→使用和安装方法→底部收尾模块。

（1）首屏

首屏是消费者进入商品详情页后看到的第一屏，有多种内容设计方式。比较多见的一种方式是设置店铺最近优惠力度较大的活动或回馈新老客户的优惠。如果没有店铺活动，也可以设置一个商品视频，通过视频可以更加直观地向访客展示店铺的特色主打商品；此外，店铺推荐也可以设置为首屏，这里建议推荐的商品为热卖商品，如果是店铺其他相关联的商品，建议将其放在商品对比图中。首屏设计示例如图 3-101 所示。

图 3-101　首屏设计示例

（2）详情页首焦图

这里用于设计促销文案，简单介绍商品，突出商品特色，吸引消费者的好奇心，引起消费者的兴趣。设计时要求图片清晰，文字直达卖点，从而促使消费者对商品进行深入了解，直至下单。详情页首焦图设计示例如图 3-102 所示。

图 3-102　详情页首焦图设计示例

（3）场景图展示

页面展示的商品毕竟不是实物，在介绍商品时，更需要用场景图去侧面反映商品的使用场景。有使用场景的图片比用白底展示商品更具有一种情绪性，更能吸引消费者的关注，引起消费者的情感共鸣，从而引导消费者继续浏览，了解更多的商品细节，提高转化率。场景图展示设计示例如图 3-103 所示。

图 3-103　场景图展示设计示例

（4）商品对比图

现在的手机端店铺详情页中，商品对比图基本是必不可少的。在激烈的市场竞争中，电子商务商品质量参差不齐的现象频出，消费者往往看到商品对比后心里才能踏实一些，因而商品对比会在无形中加深消费者对商品的印象，同时潜移默化地把商品的优势展现出来。

（5）商品细节展示

关于商品的细节展示，要尽可能地把自家商品不同于其他同类商品的细节内容体现出来。网络上的商品同质化严重，特点不明显的商品无法产生竞争力。在商品细节展示上，要充分展示商品使用前、后的对比，体现商品的功能性、多面性，细节上的精致需要用1~2张放大的细节图来展现。商品细节展示设计示例如图3-104所示。

（6）商品参数及细节描述

如果商品的细节难以用图片的形式展示，那么也可以把商品细节转移到商品参数描述上来。除使用简短的文字来描述商品外，也可以通过数字的对比来突出商品特点，同时附图详细描述其功能的特别之处。商品参数及细节描述设计示例如图3-105所示。

图 3-104　商品细节展示设计示例

图 3-105　商品参数及细节描述设计示例

（7）使用和安装方法

关于商品的使用和安装方法，即便是一些非常大众化的常备商品，这一点也不可忽视。对商品使用方法的描述能让消费者了解商品本身的功能特点，同时能促进消费者对备换商品的关注。

（8）底部收尾模块

例如，设置查看计算机端详情页，有设置计算机端详情页的店铺一般都会有这个标准模块，设置此模块的目的是将还没打算购买商品的消费者引导进入计算机端详情页，了解更多商品信息。此外，还有如"不再犹豫，先收藏和加入购物车！"并设计箭头标志，引导还没有决定下单的消费者先加购或收藏商品，防止消费者流失。

3.5.4　手机端店铺装修设计重点

以手机端淘宝店铺设计为例，通常商家会采用首页与二级页面关联销售的方式来进行设计，以提高流量转化率。如果说店铺的首页起到的是引流的作用，那么二级页面的作用就是提高店铺商品的转化率。从销售页面设计的角度来讲，二级页面设计的主要目的就是让消费者了解更详细的商品信息。

> **⑦ 小词典**
>
> 　　二级页面按照逻辑结构来划分，网站首页为网站结构中的第一级，与其有从属关系的页面则为网站结构中的第二级，一般称为二级页面。在电子商务平台中，二级页面一般设置为主题相关页面、活动页面和商品分类页面等。

由以上内容可知，在设计手机端店铺页面时，既要保持用心与专业，也要注意设计技巧。总体来说，手机端店铺的设计需要重点注意以下 3 个方面的内容。

（1）充分发挥首页模块作用

手机端店铺首页的模板是为了展示店铺内的商品，所展示模块要分工明确，充分利用好每个模块，对消费者展开关联销售。店铺首页的海报与多热区切图模块的作用是展现店铺活动和热销商品，并提供二级页面跳转；文字标题模块的作用是页面功能与商品介绍；营销互动类模块的作用是进行活动介绍和营销引流。这几个大的模块之间要做好相互衔接，达到快速、准确触及消费者需求的效果。

（2）优化详情页，做好细节

手机端店铺商品详情页是用来描述商品的细节的，商品详情页做得好，可以促使消费者下单，所以在设计手机端店铺商品详情页时，要注意页面的排版，以及图片的尺寸，尽量减少消费者打开页面的时间，保持信息的完整性，这样才能留住消费者，吸引消费者对商品的关注，促使其下单。

（3）多工具搭配，全面监控

商家可以使用淘宝平台或其他平台的各类数据监控工具对首页、店铺活动页、商品分类、关键词来源等店铺数据进行分析，还可以使用生意参谋等进行店铺的整体勘察。手机端店铺的设计则应随着店铺的运营数据随时进行优化调整，并且根据数据的跟踪，寻找最适宜店铺的布局方式与设计理念。

📝 课堂讨论——计算机端与手机端店铺页面设计的区别

要求学生以小组为单位，基于知识储备中的介绍，依照以下操作步骤，探讨计算机端与手机端店铺页面设计的区别，思考二者在设计制作中的侧重点。

操作步骤如下。

步骤 1：比较计算机端与手机端店铺页面在首页与详情页方面的相同点和不同点，

并将其内容记入表 3-5 和表 3-6。

表 3-5　计算机端与手机端店铺首页的异同

相同点	不同点	
	计算机端店铺首页	手机端店铺首页

表 3-6　计算机端与手机端店铺详情页的异同

相同点	不同点	
	计算机端店铺详情页	手机端店铺详情页

步骤 2：根据步骤 1 的讨论结果，继续探讨两种端口页面在设计制作中的侧重点，并将结果总结如下。

_____

_____

_____

_____

（任务实施）

（一）手机端店铺首页的装修

前面进行了计算机端店铺首页与详情页设计，主要针对商品相关模块的图片内容进行设计与制作。手机端店铺相关页面的设计内容与计算机端店铺页面的设计内容相差不大，重点是页面模块的排布与设置。本任务将重点介绍手机端店铺首页的装修，同样以淘宝电子商务平台店铺为例，进行店铺首页装修。

📄 课堂案例——手机端店铺首页的装修

【案例教学目标】学会使用千牛商家工作台完成手机端店铺首页的装修。

【案例知识要点】使用 Photoshop 的切片工具制作切图，在淘宝电子商务平台店铺上传图片并进行店铺首页装修模块设置，效果如图 3-106 所示。

扫码查看素材和操作方法

手机端店铺首页的　　　手机端电商店铺
装修素材图（坚果）　　　首页装修（坚果）

图 3-106　手机端店铺首页的装修

(?) 练一练

　　参考上述案例步骤，结合所学知识，利用教学资源提供的电子商务店铺首页长图（图 3-107 为局部示意图），借助 Photoshop 的切片工具，在淘宝平台登录并利用千牛商家工作台进行手机端店铺首页的装修。

图 3-107　电子商务店铺首页局部示意

素材图

图形图像处理

抖音电子商务发布《店铺装修及考核规范》，对不合格店铺降级处理

抖音电子商务日前发布了《店铺装修及考核规范》，部分内容如图3-108所示，该规范适用于平台内的所有商家，对店铺装修要求、店铺首页商品展示要求、旗舰店和官方旗舰店店铺装修考核规范做出了详细的说明，该规范从2022年12月26日生效。

图3-108　抖音电子商务发布的《店铺装修及考核规范》部分内容

该规范规定，平台会根据考核结果提供相应的权益。其中，店铺装修合格或良好标准应用在店铺流量曝光、大促活动报名、商城频道资源报名等场景，诊断结果未达良好的旗舰店和官方旗舰店会定期进行降级处理。

当店铺装修未达到良好时，平台有权通知商家在指定期限内对店铺的页面使用、商品数、装修力、美观度等进行整改，直至符合要求。若商家在指定期限内未修改或修改后仍不符合要求的，平台有权根据规范将商家店铺类型降级为专卖店。

已降级的店铺后续可主动再次升级店铺类型为旗舰店，升级后需要重新进行装修考核，未符合装修要求的，会再次降级。

（资料来源：站长之家）

（二）手机端店铺详情页的装修

以淘宝电子商务平台为例，目前手机端店铺详情页的装修与计算机端店铺详情页的装修设置有一定差别，计算机端店铺详情页装修是与首页装修类似的形式，在"旺铺"平台界面以页面模块拖动设置的形式实现，而手机端店铺详情页装修是在商品发布的同时进行设置的。不过，由于两个端口的装修内容是可以共用的，因此本任务以商品发布的操作为例，演示手机端店铺详情页装修的过程。

课堂案例——手机端店铺详情页的装修

【案例教学目标】学会使用千牛商家工作台完成手机端店铺详情页的装修。

【案例知识要点】使用 Photoshop 的切片工具制作切图，在淘宝电子商务平台店铺上传并发布商品。在商品发布过程中，通过详情描述装修商品详情页。

扫码查看操作方法

手机端电商店铺详情页　　　　手机端电商店铺详情页
装修素材（核桃）　　　　　　装修（核桃）

经验之谈

①在官方模块中，很多模块中的图片、文字等内容是设置好的，在编辑时只需要替换图片或文字即可。

②模块导航的作用是快速编辑模块内容，已经添加的模块会显示在模块导航窗口中，在窗口中可对详情页预览区的模块进行快速设计、排版。

③详情页装修暂不支持上传 GIF 格式的图片或装修动图模块，因此，在计算机端编辑好的动图，在手机端只能静态显示。具体设计完成后，还应在手机端进行查看。

练一练

参考上述案例步骤，并结合所学知识，利用教学资源所提供的电子商务店铺商品详情页长图（图 3-109 为局部示意图），借助 Photoshop 的切片工具，在淘宝平台登录并利用千牛商家工作台进行手机端店铺详情页的装修。

素材图

图 3-109　电子商务店铺商品详情页局部示意

233

任务评价

基于学生在本任务中学习、探究、训练的课堂表现及完成结果，参照表 3-7 的考核内容进行评分，每条考核内容分值为 10 分，学生总得分 = 30%学生自评得分 + 70%教师评价得分。

表 3-7　考核内容及评分

类别	考核项目	考核内容及要求	学生自评（30%）	教师评价（70%）
技术考评	质量	熟悉手机端店铺首页与详情页布局，并能够说出手机端与计算机端的区别		
		熟悉手机端店铺装修规范，能够按照规范要求设计手机端店铺的首页与详情页		
		能够利用相关工具进行手机端店铺首页的装修		
		能够利用相关工具进行手机端店铺详情页的装修		
		具备规范精神，能够认真、合规地进行手机端店铺装修与设计		
非技术考评	态度	学习态度认真、细致、严谨，讨论积极，踊跃发言		
	纪律	遵守纪律，无无故缺勤、迟到、早退现象		
	协作	小组成员间合作紧密，能互帮互助		
	文明	合规操作，不违背平台规则、要求		
总计				
存在的问题		解决问题的方法		

自我提升与检测

问题 1：手机端店铺首页与详情页布局分别是什么样的?

_____

_____

_____

自我提升与检测

参考答案

问题 2：简述手机端店铺首页装修的基本流程。

_____

_____

_____

问题 3：简述手机端店铺详情页装修的基本流程。

_____

_____

_____

任务 3.6 新媒体图文设计

任务分析

通过学习电子商务店铺不同端口页面的设计与装修，韩莉已经掌握了图形图像设计在店铺运营中的基本应用。不过，在对岗位进行了解后，韩莉认识到，在电子商务行业中，新媒体视觉设计也在日常运营中占据了非常重要的地位。为满足工作岗位的需求，韩莉还需要了解与新媒体图文设计相关的知识，并对主要的新媒体设计进行实践操作。在学习前，她需要先思考以下问题。

1. 新媒体视觉设计包括哪些内容？
2. 新媒体视觉设计的目的是什么？
3. 新媒体图文设计需要运用哪些工具？
4. 新媒体图文设计与电子商务店铺视觉设计有什么区别？

任务目标

1. 认识新媒体视觉设计，熟悉 H5 页面的优势与设计类型。
2. 掌握 H5 页面素材设计的方法与流程。
3. 掌握微信公众号视觉设计的方法与流程。
4. 具备创新意识，能够自主创作出美观实用的页面素材图像，并在设计工作中践行社会主义核心价值观。

知识储备

随着移动互联网科技的飞速发展和日趋成熟，新媒体越来越受到人们的关注。新媒体是不同于报刊、广播、电视等传统媒体的新兴媒体形态，包括网络媒体、手机媒体、数字电视等。新媒体的媒介与呈现方式有很多种，在图形图像的商业应用方面，现在普遍以各类 H5 浏览页面与微信公众号文章为主。

3.6.1 H5 页面视觉设计

3.6.1.1 什么是 H5 页面

H5 是指第 5 代 HTML（Hyper Text Markup Language，超文本标记语言），现在也通常指代用 H5 制作的一切数字商品。其主要目标是将互联网语义化，以便更好地被人类和机器阅读，它同时支持各种媒体嵌入。

想一想参考答案

> ⑦ 想一想
>
> 在日常生活中，哪些场景中会见到 H5 页面的应用？

随着各种移动设备的普及，以及新媒体对于内容营销的要求，H5 页面也越来越受到设计者们的欢迎。不同于传统企业网站需要制作大量网页来组成一个完整的网站，H5 页面只有一个自上而下的单独页面，并搭配各种图片、视频、文字等有趣的设计，如图 3-110 所示。

图 3-110　H5 页面设计

利用 H5 技术建站，可以实现跨平台多端使用，即一次发布网站，可以同时在计算机、手机、平板电脑等各个终端有良好的浏览体验。简单来说，H5 页面可以自动适应用户的手机屏幕尺寸，以达到很好的显示效果。此外，H5 页面通常大量使用滚动来侦测特效，即在用户滑动页面的同时，页面会自动加载大量文字或图片，形成一种动态的美感。

现在 H5 页面多用于宣传推广、交互游戏、企业招聘、公司介绍等业务。高质量的 H5 页面通过音乐、图片、视频及滑动屏幕，同时调用用户的视觉、听觉、触觉，来提高商品的推广效果及传播效率，利用各种动画效果，凸显趣味性、幽默性等特点，吸引用户关注和分享。

3.6.1.2　H5 页面的优势

（1）故事性强

H5 页面的根本目的是向用户传递信息。与普通的 PPT 和视频相比，H5 页面因其特效众多，场景切换方便，故更加适合讲故事。一个优秀的故事性 H5 页面，通常能够引起用户极大的共鸣，达到意想不到的效果，如图 3-111 所示是一个中秋佳节的故事类 H5 主题页面。

（2）参与感强

H5 页面与传统作品最明显的区别就是 H5 页面拥有众多的互动功能。通过这些互动功能，用户可以深度参与，更贴切地感受到设计者想要传达的信息，同时留下更深的印象。在参与感比较强的作品中，最具有代表性的就是各类 H5 小游戏，如图 3-112 所示。除 H5 小游戏之外，也有各类形式的优秀 H5 功能可以促进用户的参与。

图 3-111　故事类 H5 主题页面

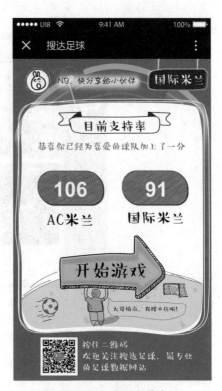

图 3-112　H5 小游戏

（3）活动方式多

H5 页面拥有大量的活动插件，如投票、表单、红包等。通过这些插件，H5 页面可以获得其他宣传途径无法获得的宣传效果。在故事类 H5 页面和互动类 H5 页面的应用日益频繁的今天，宣传页面需要更加有效地吸引用户的注意力，让用户参与进设计好的运营活动中来，如利用红包、照片投票、抽奖、问答测试等众多活动方式，图 3-113 所示为一个抽奖活动的 H5 页面。

（4）社交性强

与传统的通过电视广告、网络广告进行传播不同，目前绝大多数的 H5 作品依托于用户的社交关系进行传播，用户自发分享是 H5 作品传播的重要途径。H5 作品通过其极强的故事性和互动性，经常能够引起用户的兴趣，使其在用户的朋友圈中广泛传播，如图 3-114 所示为 H5 活动分享与推广页面。

图 3-113　抽奖活动 H5 页面

图 3-114　H5 活动分享与推广页面

3.6.1.3　H5 页面的设计类型

（1）活动运营型

为活动推广运营而打造的 H5 页面是 H5 页面较常见的设计类型，其形式多变，包括游戏、邀请函、贺卡、测试题等形式。与以往简单的静态广告图片传播不同，如今的 H5 活动运营页面需要有更强的互动，以及更高质量、更具话题性的设计来促成用户分享传播。从进入微信 H5 页面到最后进入小程序，如何设计一套合适的引流路线也颇为重要。

例如，某服装企业为迎合返校季营销热点，特地开展了线上优惠券发放活动，以"跳一跳" H5 游戏的形式来投放优惠券，如图 3-115 所示。该 H5 页面以黄色为主题背景，配有多种人物角色可供用户选择，并且利用"跳一跳"游戏风格，让用户有很好的游戏体验，既有趣又能得奖，用户反响很好，转化效果也很理想。

图 3-115　"跳一跳" H5 游戏

（2）品牌宣传型

不同于讲究时效性的活动运营型 H5 页面，品牌宣传型 H5 页面等同于一个品牌的微官网，更倾向于品牌形象的塑造，向用户传达品牌的精神态度。在设计上需要运用符合品牌气质的视觉语言，让用户对品牌留下深刻印象。

（3）商品介绍型

商品介绍型 H5 页面聚焦于商品功能介绍，运用 H5 的互动技术优势尽情展示商品特性，吸引用户购买。这一类型的 H5 页面多见于汽车品牌，如图 3-116 所示。其采用精致和极富质感的建模、细腻的光效营造出酷炫的视觉风格，用手指跟随光的轨迹切割画面揭开序幕，通过合理的触碰、摩擦、滑动等互动形式，带领用户一同探索商品的特性。

（a）　　　　　　　　（b）　　　　　　　　（c）

图 3-116　商品介绍型 H5 页面

（a）示意一；（b）示意二；（c）示意三

（4）总结报告型

自从支付宝的十年账单引发热议后，各大企业的年终总结现在也热衷于用 H5 技术实现，优秀的互动体验令原本乏味的总结报告有趣、生动了起来。"京东十大任性"用 10 张横屏页面讲述了京东在前几年的十大成就，视觉设计上采用简洁的扁平风插画，加入纸面质感形成复古卡片拼贴感，如图 3-117 所示。通过手指滑动，实现在不同页面间流畅滚动的效果。

图 3-117　总结报告型 H5 页面

（5）贺卡邀请函型

每个人都喜欢收到贺卡或邀请函，抓住大众的这一心理，品牌可以推出各种 H5 页面形式的礼物、贺卡、邀请函。通过提升用户好感度，来潜移默化地达到品牌宣传的目的。在邀请的同时，也展示了自己的商品与品牌，一举多得。

（6）职位招聘型

为了展现自己独特的企业文化，招聘型 H5 页面已然成为企业应该好好利用的"扩音器"。通过快速分享 QQ、微信、微博等，方便求职者一键报名，效果可由数据随时监控。

（7）故事讲述型

讲一个好故事，引发情感共鸣，无论 H5 页面的形式如何多变，有价值的内容始终是第一位的。在有限的篇幅里，学会讲故事，引发用户的情感共鸣，将极大地推动内容的传播。

3.6.2　微信公众号视觉设计

微信公众号作为新媒体的典型代表，已经成为我们生活中必不可少的一个媒介平台。微信公众号的出现，让大众能够选择符合自己兴趣的内容进行关注和订阅，从而对该知识领域有更进一步的了解。

微信公众号的飞速发展，使利用微信公众号开展微信营销成为备受营销者欢迎的营销手段。H5 页面在微信活动中应用得如火如荼，通过公众号推送、朋友圈刷屏、群共享等形式实现品牌信息的推广，许多营销者和策划者都希望利用微信公众号的视觉设计与信息传播完成视觉营销。

> **? 想一想**
>
> 通过对视觉设计与营销的认识，你认为微信公众号中的视觉营销和电子商务店铺中的视觉营销有什么区别？

想一想参考答案

3.6.2.1 微信公众号主要的设计内容

微信公众号以推送文章为主要的运营推广内容，向用户传递机构或商家提供的信息。微信公众号视觉设计最基本的设计内容包括以下 6 个部分。

（1）标志

公众号的头像图片、标志样式的配色风格设计也会影响其他视觉化设计的部分，最好能在设计初期就保持一致，呈现出整体的品牌感，让用户一看见就能认出品牌形象。如图 3-118 所示为一个酒店微信公众号标志。

（2）封面图

公众号封面图分为首图和次图两种，首图尺寸为 900 像素×383 像素，即大图；次图尺寸为 200 像素×200 像素，即小的方形图片。公众号封面图是一个品牌形象的重要体

图 3-118　酒店微信公众号标志

现，它和文章内的排版、配图等共同形成了这个公众号的视觉风格调性。

（3）文章顶部 banner

文章顶端通常是一张格式的动图，可以包含的元素为标志、公众号名称、口号等。顶部 banner（横幅广告）的内容可以吸引用户的目光，并再次强调品牌，如图 3-119 所示。

研 学 天 下 ｜ 知 行 合 一

留行圈19:00准时更新

留行圈

（a）　　　　　　　　　　　　　　　　　　　（b）

图 3-119　公众号顶部 banner

（a）示意一；（b）示意二

（4）格式排版

设计师提供配色、格式、分栏样式等建议，以符合视觉设计的整体风格为目标，制

作一套文章排版的模板，在后期排版时执行相应的要求。

（5）图片模板

公众号里有时会加入一张长图，如知识点、总结回顾等，可以以图片形式作为主体内容部分，也可以通过图片的排布引导用户阅读。

（6）引导关注

引导关注模块放在文章末尾，引导用户关注公众号，常见元素有引导态度的标语、体现账号主旨的小图标、二维码等，如图 3-120 所示。

图 3-120 各种公众号的引导关注模块

（a）示意一；（b）示意二；（c）示意三；（d）示意四

3.6.2.2 微信公众号的视觉设计技巧

微信公众号的视觉设计技巧分为版式构图、文案加工和素材图挑选、动画效果和视频选用、封面图设计以及模块组件这 5 个部分。

（1）版式构图

微信公众号的视觉设计对版式构图的要求比较高。优秀的版式设计作品，可以在有限的页面内，以快速、直接、有效的方式传递出核心的内容和信息，给用户留下深刻而良好的印象，具体包括以下 3 点。

1）构图方式。考虑到手机端竖屏的浏览方式，公众号常见的构图方式有中心构图、对角构图、上下结构、上中下结构等。在运用这几种构图方式的过程中，需要讲究均衡和对称、呼应与留白，适当的留白可以给予设计呼吸的空间，提供布局上的平衡，如

图 3-121 所示。

2）主体的表现力。主体多为插图、形状、绘画和文案等。在选择主体时，应尽量选择足够的分辨率、新颖的造型或独特的视角，同时注意质感、光影、纹理等表现，使版面的冲击力和感染力更大，达到事半功倍的效果，如图 3-122 所示。

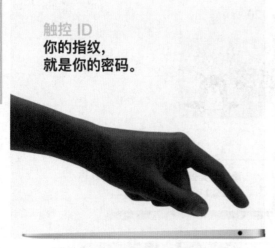

图 3-121 公众号构图的留白设计　　　　　　图 3-122 公众号质感与光影配图

3）有序的编排。在编排时需要考虑层次的清晰、字形选择的契合性、留白是否工整、段落文字编排是否适合阅读，这些因素都能直接影响编排的质量。

（2）文案加工和素材图挑选

微信公众号的一大特点是用户利用碎片化时间去浏览内容，而不是有目的地选择购买内容。能够让用户顺畅地阅读是设计的关键，因此，对文案的编辑和图片素材的选择是至关重要的。

设计师在设计过程中，需要将文案和场景融合得恰到好处。不能直接将运营部门提供的文案纹丝不动地嵌入使用，而是需要根据场景做适当的调整，在表现主题不变的情况下，能帮助用户快速代入情感和场景，引发用户共鸣。另外，文案样式设计也可以使用包括加粗、变色、斜体、首字母大写等方式，持续吸引和保持用户的注意力，如图 3-123 所示。

素材图的挑选则要与文案的内容相互呼应。开发过程中需要寻找分辨率高、清晰、干净、内容不太复杂的素材图。素材内容可以具备幽默感，也可以充满温馨感，只要能贴合主题、色彩与风格相搭配，就是适用的。

（3）动画效果和视频选用

微信公众号的优势是可以在内容中嵌入视频和动画效果，可以更直观地展现服务和增加场景的生动性，更容易吸引用户。

图 3-123　文案加工示例

在进行视觉设计时，一般需要搭配一定的动画效果，以吸引用户的注意力。这里主要有两类动画效果值得关注。

1）标题或主体动画效果：能够更好地突出主体，让用户注意到核心内容。

2）场景辅助动画效果：渲染主体动画效果，让画面更具感染力。需要注意的是，这类动画效果不能做得太强，太强会分散用户对核心内容的注意力。

为了更好地表现商品或业务服务，一般会在每个模块下嵌入视频，这样能更直观地表现服务的真实性。这里需要注意，视频内容需要经过剪辑，而且需要进行压缩，不超过微信公众号的限制要求，这样才能使用户在浏览过程中不会因为加载问题而卡顿。

（4）封面图设计

如图 3-124 所示为公众号封面图。封面图作为用户进入文章的第一入口，其作用不言而喻。设计师在做封面图时，需要注意以下几点。

1）背景图尽量选择纯色或元素少的图，以简洁为主，不宜复杂，尽可能按照官方要求的 900 像素×500 像素来制作。

2）图片上的文案不宜多，最多两行内容，控制在 15 个字以内，且文案要有一定吸引力。

3）多做适配测试，以公众号预览为主，封面图做完后，要在手机上预览效果，再适当进行调整。

4）配图要围绕夸张、生动、有趣等要素来展现，要创造吸引力，营造代入感。

图 3-124　公众号封面图

（5）模块组件

微信公众号每周都要进行内容信息的推送，属于高频活动，所以做好相应的设计模块，可以节省设计师的时间。设计模块一般会针对同类别不同内容的模块来处理，包括 SKU 模块、场景模块、封面图模块等。

 经验之谈

公众号图片设计要点

1. 色彩

在公众号文章素材中，鲜艳、大胆的色彩搭配方案，往往能够迅速吸引用户的注意力。

2. 构图

对于非图片素材分享类的公众号内容而言，对称式构图往往能够满足 90%的构图需求。对称式构图即通过视觉引导的形式，将需要呈现的内容放置在画面的中心。

3. 图片比例

在很多公众号内容当中，过多的图片内容，会使整个公众号版面呈现一种"撕裂"的感觉。想要在保持公众号配图数量的同时，降低版面的"撕裂"感，可以尝试修改配图素材的图形比例，例如 16：9、4：3 两种横置图形比例在视觉反馈上比竖版配图更为契合。

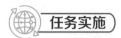

（一）H5页面素材设计

H5页面能在智能手机上实现Flash动画效果。H5页面中的图文素材设计可以用Photoshop工具来制作。下面将介绍设计一个烘焙面包的商品介绍型H5页面的操作步骤。

📝 **课堂案例——H5页面素材设计**

【**案例教学目标**】学习使用Photoshop进行H5页面素材设计。

【**案例知识要点**】使用Photoshop设计页面素材图片并进行分离，使用易企秀平台进行H5页面制作，首屏效果如图3-125所示。

图3-125　H5页面素材设计

扫码查看素材和操作方法

　H5页面素材设计素材图　　　**设计制作H5素材**

经验之谈

由于易企秀 H5 制作平台的软件要求，设计时需要注意以下两点。

①H5 页面的 PSD 格式文件的大小控制在 30 MB 以内，图层不宜超过 30 个。

②图层样式需要合并在图层中，单个图层不能超过 5 MB。

练一练

参考上述案例步骤，并结合所学知识，利用教学资源所提供的素材（图3-126 为局部示意图），借助 Photoshop 设计制作 H5 页面图片。在易企秀平台登录，并制作一个 H5 页面，在易企秀平台上预览最终效果。

素材图

图 3-126　素材局部示意

（二）微信公众号视觉设计

随着 H5 页面的应用越来越广，微信公众号的主体部分基本上都是以 H5 页面的形式展现的。因此，微信公众号的图文视觉设计制作，基本与 H5 页面的设计制作相同。在一篇公众号的头部和尾部，需要实现营销与推广功能，其中很典型的一类设计即引导关注。

微信公众号的引导关注分为顶部引导关注和底部引导关注两类。为了吸引更多的用户，公众号运营者往往会设计一些引导关注图与文字，通过有趣的图文，吸引用户在阅读文章后关注公众号。下面将介绍设计这两类引导关注图的操作步骤。

课堂案例——公众号引导关注图设计

【案例教学目标】学习使用 Photoshop 进行公众号引导关注图的设计。

【案例知识要点】使用 Photoshop 各类编辑与美化工具进行公众号顶部与底部引导关注图的设计，效果如图 3-127 和图 3-128 所示。

图 3-127 公众号顶部引导关注图

图 3-128 公众号引导关注图设计

扫码查看素材和操作方法

公众号引导关注图设计素材　　　　　设计公众号引导关注

？练一练

　　参考上述案例步骤，并结合所学知识，利用教学资源所提供的素材，借助 Photoshop 设计制作图 3-129 所示的微信公众号引导关注图，导出后预览效果。注意，背景图片和二维码可自行更换。

图 3-129 微信公众号引导关注图

微信公众号引导关注图素材

任务评价

基于学生在本任务中学习、探究、训练的课堂表现及完成结果，参照表 3-8 的考核内容进行评分，每条考核内容分值为 10 分，学生总得分=30%学生自评得分+70%教师评价得分。

表 3-8　考核内容及评分

类别	考核项目	考核内容及要求	学生自评（30%）	教师评价（70%）
技术考评	质量	理解新媒体视觉设计的内涵，能熟练阐述 H5 页面的优势与设计类型		
		掌握 H5 页面素材设计的方法与流程，并完成相关图文设计		
		熟练掌握微信公众号视觉设计方法与流程，并完成相关图文设计		
		具备创新意识，能在新媒体图文设计中展现出独创的图形图像元素		
		能够自主创作出美观实用的页面素材图像，并在设计工作中践行社会主义核心价值观		
非技术考评	态度	学习态度认真、细致、严谨，讨论积极，踊跃发言		
	纪律	遵守纪律，无无故缺勤、迟到、早退现象		
	协作	小组成员间合作紧密，能互帮互助		
	文明	合规操作，不违背平台规则、要求		
总计				
存在的问题		解决问题的方法		

自我提升与检测

问题 1：H5 页面有哪些类型？相比传统页面它有什么优势？

_____

_____

自我提升与检测
参考答案

问题2：简述 H5 页面素材设计的基本流程。

_____

_____

问题3：简述微信公众号引导关注图设计的基本流程。

_____

_____

知识与技能训练

【同步测试】

知识与技能训练
参考答案

一、单选题

1. VI 规范设计的作用不包括（　　）。

A. 帮助企业树立良好的形象　　　　　　B. 完善企业对内、对外的传播系统

C. 加速企业的良性运转　　　　　　　　D. 建立不同的视觉管理体系

2. （　　）是指将画面的两个对角连成一条引导线，商品沿着引导线分布，可以是直线、曲线、折线等。

A. 对角线构图法　　　　　　　　　　　B. 中心对称构图法

C. 中心构图法　　　　　　　　　　　　D. 环形构图法

3. 下列不属于店铺首页结构布局的是（　　）。

A. 店招　　　　　　B. 导航栏　　　　　　C. 全屏海报　　　　　　D. 商品详情

4. 在商品中寻找并在广告中陈述商品的独特之处，这个独特之处是该商品所拥有，并且其他竞品不具备或没有宣传过的，这属于哪种广告设计策略？（　　）

A. 品牌策略　　　　　B. 定位策略　　　　　C. 卖点策略　　　　　D. 情感策略

5. 详情页的商品信息是提高转化率的关键因素，商品详情页必须真实且完整地介绍商品的（　　），并突出商品的优势和特点。

A. 价格　　　　　　B. 属性　　　　　　C. 分类　　　　　　D. 用户评价

二、多选题

1. VI 设计的基本原则包括（　　）。

A. 统一性原则　　　　B. 差异性原则　　　　C. 审美性原则　　　　D. 有效性原则

2. 企业标志设计是为了推广品牌，因此设计需要依靠业务方向，主要包括（　　）。

A. 与行业相关　　　　　　　　　　　　B. 与企业规模相关

C. 与定位人群相关　　　　　　　　　　D. 与企业气质相关

3. 常见的海报版式有（　　　）。

A. 左右分割式　　　　B. 上下分割式　　　　C. 对角线式　　　　D. 中心式

4. 商品详情页按内容可分为商品展示类、促销说明类以及（　　　）等几类。

A. 实力展示类　　　B. 吸引购买类　　　C. 交易说明类　　　D. 中介推广类

5. 以下页面设计模块中，属于手机端店铺首页页面的有（　　　）。

A. 多热区切图模块　　　　　　　　　B. 商品对比图模块

C. 文字标题模块　　　　　　　　　　D. 轮播图海报模块

三、判断题

1. VI 设计，即品牌的视觉设计识别系统。　　　　　　　　　　　　　　（　　）

2. 书法字体是在基本字形的基础上进行装饰、变化加工而成的。　　　　（　　）

3. 海飞丝的定位在"去屑"上；足力健的定位在"老人"这个年龄段上，这属于广告图设计的品牌策略。　　　　　　　　　　　　　　　　　　　　　　（　　）

4. 以淘宝店铺为例，店铺首页主要由店招、导航栏、全屏海报、商品属性介绍、客服旺旺、商品详情等几部分组成。　　　　　　　　　　　　　　　　　　（　　）

5. H5 页面只有一个自上而下的页面，也可以简单理解为一个单网页，只不过搭配了各种图片、视频、文字等有趣的设计。　　　　　　　　　　　　　　　（　　）

【综合实训】

一、实训目的

通过本单元的学习，相信大家已经掌握了不少利用 Photoshop 进行图形图像设计的方法与技巧。此次综合实训要求结合构图、版式、布局等核心要素，设计出能激发用户购买欲望的店铺店标、直通车图、首焦图等营销图片，能够完成店铺首页与详情页在计算机端与手机端的装修，能够通过微信公众号 H5 页面的制作开展新媒体图文视觉营销。

二、实训内容及要求

图形图像商业应用案例
实战综合训练素材图

请结合本单元所学内容，为表 3-9 中的商品设计店招、商品主图、首焦图、店铺首页、店铺详情页/微信公众号 H5 页面等，要求根据商品特点，使用不同的工具，使制作的图片美观、适用。

表 3-9　图形图像商业应用案例实战综合实训

设计内容	素材图	制作要求
店招	—	根据自己所掌握的 Photoshop 技巧，设计一个商品推广类的农产品店招。要求尺寸为 950 像素×120 像素，店招需包含店铺标志、名称、关注按钮、收藏按钮、店铺资质、店铺标语等信息，最后保存为 PSD 格式的素材图

设计内容	素材图	制作要求
商品主图		根据自己所掌握的 Photoshop 技巧，以及提供的素材图，设计出一张营销型口红直通车主图。要求尺寸为 800 像素×800 像素，设计的直通车主图要能凸显产品的营销元素，如产品、营销文案、色彩等，给用户一定的视觉冲击力，刺激用户的购买欲望
首焦图		根据自己所掌握的 Photoshop 技巧，按照淘宝店铺首焦图尺寸，根据提供的素材图，设计出以"6·18"为主题的智能手机首焦图。要求在设计中尽可能多地展示出店铺活动力度，可选择对角线构图法，设计出具有时尚感的效果图
店铺首页		根据自己所掌握的 Photoshop 技巧，以及提供的素材图，完成淘宝网家具店铺计算机端与手机端首页的制作，首页必须包括店招、导航栏、全屏海报、优惠券、商品自定义区、页尾等几个部分
店铺详情页/微信公众号 H5 页面		根据自己所掌握的 Photoshop 技巧，以及提供的素材图，完成淘宝网丝绸店铺计算机端与手机端详情页的制作，并利用新媒体图文设计制作一个关于丝绸文化的微信公众号 H5 页面

三、实训考核与评价

基于学生在本次综合实训中的表现及完成结果，对实训考核内容进行评分（表3-10），并完成学生自评和教师成果点评。

表3-10 实训考核内容及评分

考核项目	学生自评（30%）	教师评价（70%）
商品推广类农商品店招		
营销型口红直通车主图		
"6·18"主题智能手机首焦图		
家具店铺计算机端与手机端首页		
丝绸店铺计算机端与手机端详情页		
丝绸文化的微信公众号 H5 页面		
总计		

自我评价	教师点评

参考文献

［1］云飞. Photoshop 从入门到精通［M］. 北京：中国商业出版社，2021.

［2］张枝军. 店铺视觉营销［M］. 北京：北京理工大学出版社，2015.

［3］姜洪侠，张楠楠. Photoshop CC 图形图像处理标准教程（微课版）［M］. 北京：人民邮电出版社，2016.

［4］张瀛. 解密电商视觉：从摄影到设计［M］. 天津：天津科学技术出版社，2018.

［5］段建，张瀛，张磊. 店铺美工（全彩微课版）［M］. 2 版. 北京：人民邮电出版社，2018.

［6］代丽丽，张伟华. 店铺视觉营销与设计［M］. 北京：中国财富出版社，2019.

［7］潘艳碧，苏艳艳. 视觉营销［M］. 北京：中国财富出版社，2022.

［8］蒋珍珍. 网店美工与视觉营销：淘宝、京东、拼多多、抖音、快手店铺装修［M］. 北京：化学工业出版社，2022.

［9］安德鲁·福克纳，康拉德·查韦斯. Adobe Photoshop CC 2019 经典教程（彩色版）［M］. 董俊霞，译. 北京：人民邮电出版社，2019.

［10］乜艳华，王卓. Adobe Photoshop CC 图像设计与制作案例实战［M］. 北京：清华大学出版社，2021.